T0198629

essentials

essentials liefern aktuelles Wissen in konzentrierter Form. Die Essenz dessen, worauf es als „State-of-the-Art" in der gegenwärtigen Fachdiskussion oder in der Praxis ankommt. *essentials* informieren schnell, unkompliziert und verständlich

- als Einführung in ein aktuelles Thema aus Ihrem Fachgebiet
- als Einstieg in ein für Sie noch unbekanntes Themenfeld
- als Einblick, um zum Thema mitreden zu können

Die Bücher in elektronischer und gedruckter Form bringen das Fachwissen von Springerautor*innen kompakt zur Darstellung. Sie sind besonders für die Nutzung als eBook auf Tablet-PCs, eBook-Readern und Smartphones geeignet. *essentials* sind Wissensbausteine aus den Wirtschafts-, Sozial- und Geisteswissenschaften, aus Technik und Naturwissenschaften sowie aus Medizin, Psychologie und Gesundheitsberufen. Von renommierten Autor*innen aller Springer-Verlagsmarken.

Jürgen Kremer

Spezielle Relativitätstheorie

Eine Einführung mithilfe des k-Kalküls

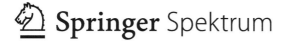 Springer Spektrum

Jürgen Kremer
Daun, Deutschland

ISSN 2197-6708   ISSN 2197-6716   (electronic)
essentials
ISBN 978-3-662-65925-0   ISBN 978-3-662-65926-7   (eBook)
https://doi.org/10.1007/978-3-662-65926-7

Die Deutsche Nationalbibliothek verzeichnet diese Publikation in der Deutschen Nationalbibliografie; detaillierte bibliografische Daten sind im Internet über http://dnb.d-nb.de abrufbar.

Planung/Lektorat: Caroline Strunz
Springer Spektrum ist ein Imprint der eingetragenen Gesellschaft Springer-Verlag GmbH, DE und ist ein Teil von Springer Nature.
Die Anschrift der Gesellschaft ist: Heidelberger Platz 3, 14197 Berlin, Germany

Was Sie in diesem *essential* finden können

- Sie finden eine Einführung in die Spezielle Relativitätstheorie mithilfe des k-Kalküls, einem sehr eleganten und sehr gut verständlichen Zugang.
- Vorausgesetzt wird lediglich das Relativitätsprinzip und die Invarianz der Lichtgeschwindigkeit, die Herleitung der Theorie basiert dann auf der geometrischen Darstellung der zweidimensionalen Raumzeit aus der Perspektive inertialer Beobachter.
- In den letzten Kapiteln erfolgt der Zugang zu den vierdimensionalen Lorentz-Transformationen über die Invarianz des Lichtkegels.
- Die Herleitung der Äquivalenz von Masse und Energie erfolgt mithilfe des Satzes von der Erhaltung des Viererimpulses.
- Am Ende des Buchs wird der Zusammenhang zwischen der Informationsübertragung mit Überlichtgeschwindigkeit und der Verletzung des Kausalitätsprinzips untersucht.

Vorwort

Dieses Buch bietet eine Einführung in die Spezielle Relativitätstheorie Albert Einsteins mithilfe des von Hermann Bondi in [1, 2] entwickelten k-Kalküls. Dieser Zugang ist sehr elegant und verwendet die auf der Radarmethode basierende geometrische Darstellung der Raumzeit aus der Perspektive inertialer Beobachter.

Das Buch ist in 17 kurze Kapitel gegliedert. Von Norbert Dragon [4, 5] stammen die Konzepte von Lichtecken mit ihren Gleichortigkeits- und Gleichzeitigkeitsdiagonalen in Kap. 3 sowie die Veranschaulichungen der Wechselseitigkeit von Zeitdilatation und Längenkontraktion in den Kap. 8 und 12. Die Kap. 14, 15, 16 und 17 sind an Nicholas Woodhouse [11] angelehnt.

Für einige Resultate, wie etwa die Längenkontraktion oder die Additionsformel für Geschwindigkeiten, werden verschiedene Herleitungen angegeben. Der Nachweis der Äquivalenz verschiedener Zugänge wird damit gegenüber der Vermeidung von Redundanzen bevorzugt.

Im Buch wird die Elektrodynamik und ihre relativistische Kovarianz nicht behandelt. In den *Bemerkungen zu den Literaturhinweisen* wird auf entsprechende Quellen verwiesen.

Beweise werden mit dem Symbol □ abgeschlossen, Beispiele mit △.

Frau Caroline Strunz, Programmplanerin für Physik & Astronomie des Springer-Verlags, danke ich herzlich für die sehr angenehme Zusammenarbeit.

28. Juni 2022

Prof. Dr. Jürgen Kremer
Max-Grünbaum-Weg 22
54550 Daun
dr.juergen.kremer@googlemail.com

Inhaltsverzeichnis

Einstimmung: Die Konstanz der Lichtgeschwindigkeit und die Relativität der Gleichzeitigkeit

Experimentell gesichert ist die **Konstanz der Lichtgeschwindigkeit** im Vakuum. Diese Tatsache ist die wichtigste Grundlage der Speziellen Relativitätstheorie. Es gilt:

Die Geschwindigkeit des Lichts ist konstant

Die Geschwindigkeit des Lichts im Vakuum ist immer gleich. Sie ist unabhängig von der Bewegung der Lichtquelle und unabhängig von der Bewegung des Beobachters.

Die Konstanz der Lichtgeschwindigkeit ist ein einfaches Naturgesetz, aber dieses Gesetz gilt nicht für die Bewegung materieller Objekte. Beobachten zwei relativ zueinander bewegte Beobachter ein Objekt, dann beobachten sie für dieses Objekt in der Regel verschiedene Geschwindigkeiten.

Beispiel Angenommen, ein Passagier sitzt im Speisewagen eines fahrenden Zuges und lässt eine Kugel auf seinem Tisch in Bewegungsrichtung des Zuges rollen. Ein weiterer, auf dem Bahnsteig stehender Beobachter, der diesen Zug vorüberfahren sieht, misst eine höhere Geschwindigkeit der Kugel als der Beobachter im Speisewagen. △

Die Relativität der Gleichzeitigkeit

Die Konstanz der Lichtgeschwindigkeit hat zur Konsequenz, dass dann, wenn für einen Beobachter zwei Ereignisse gleichzeitig stattfinden, sich diese für einen anderen Beobachter möglicherweise nicht gleichzeitig ereignen.

© Der/die Autor(en), exklusiv lizenziert an Springer-Verlag GmbH, DE, ein Teil von Springer Nature 2022
J. Kremer, *Spezielle Relativitätstheorie,* essentials,
https://doi.org/10.1007/978-3-662-65926-7_1

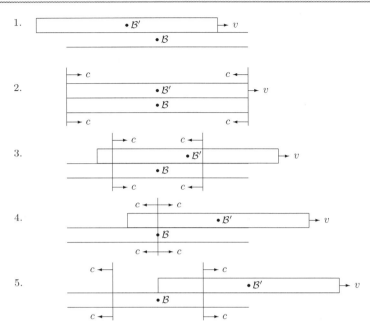

Abb. 1.1 Die Relativität der Gleichzeitigkeit: Der Beobachter B auf dem Bahndamm nimmt zwei Blitzeinschläge als gleichzeitig wahr, während die Blitzeinschläge für den Beobachter B' im Zug nicht gleichzeitig stattfinden

In Abb. 1.1 wird ein an einem Bahnsteig vorüberfahrender Zug zu verschiedenen Zeitpunkten auf stilisierte Weise dargestellt. Ein Passagier B' sitzt in der Mitte des Zuges, ein Beobachter B steht auf dem Bahndamm. Das Geschehen wird aus der Perspektive des Beobachters B auf dem Bahnsteig gezeigt.

Der Zug bewegt sich vom Bahndamm aus gesehen mit einer Geschwindigkeit v von links nach rechts. In dem Moment, in dem der Passagier B' den Beobachter B passiert, schlagen im durch B definierten Bezugssystem zwei Blitze ein, einer am vorderen und einer am hinteren Ende des Zuges.

Da für den Beobachter B auf dem Bahndamm die beiden Enden des Zuges zum Zeitpunkt der Blitzeinschläge gleich weit entfernt waren und da die mit c bezeichnete Lichtgeschwindigkeit für alle Lichtsignale denselben Wert besitzt, treffen die Blitze gleichzeitig bei B ein. Für B geschehen die beiden Blitzeinschläge daher gleichzeitig.

B macht darüber hinaus folgende Aussagen darüber, was B' beobachten wird: Da sich der Zug während der Ausbreitung der Lichtblitze auf den vorderen Lichtblitz zubewegt und sich vom hinteren entfernt, sieht B' den vorderen Blitz zuerst und danach erst den hinteren Blitz.

Wie aber beurteilt B' das Geschehen? Tatsächlich beobachtet B' den sich vom vorderen Ende des Zuges ausbreitenden Lichtblitz zuerst und anschließend erst den vom hinteren Ende des Zuges kommenden. Da sich B' aber in der Mitte des Zuges befindet und da auch für ihn die Lichtgeschwindigkeit stets den Wert c besitzt, bleibt nur eine Schlussfolgerung: Für B' findet der Einschlag in das vordere Ende des Zuges **vor** dem Einschlag des Blitzes in das hintere Ende des Zuges statt. Für B' geschehen die beiden Blitzeinschläge **nicht** gleichzeitig.

Man hüte sich vor der falschen Einschätzung, dass B „eigentlich Recht hat" mit seiner Beobachtung, dass die beiden Blitzeinschläge gleichzeitig stattfinden, und dass es B' aufgrund seiner Relativbewegung „nur so erscheint", als ob sie sich nicht gleichzeitig ereigneten. Tatsächlich ist es so, dass die Gleichzeitigkeit zweier Ereignisse nicht universell gültig ist, sondern vom Beobachter abhängt. Beide Beobachter beschreiben die beobachteten Phänomene korrekt, und keine Beschreibung ist gegenüber der anderen bevorzugt.

Nach dieser Einstimmung auf das Thema beginnen wir nun mit der Einführung in die Spezielle Relativitätstheorie.

In diesem Kapitel werden einige grundlegende Begriffsbildungen und Konzepte formuliert, die für die Entwicklung der Speziellen Relativitätstheorie notwendig sind und die im Folgenden ständig verwendet werden.

Ereignisse

Ein **Ereignis** ist etwas, das an einem bestimmten Ort zu einer bestimmten Zeit stattfindet.

Beispiel Angenommen, ein Vogel fliegt über eine Wiese. Wenn dieser Vogel eine Mücke fängt, dann definiert dies ein Ereignis. Der Fang findet zu einem bestimmten Zeitpunkt an einen bestimmten Ort statt. △

Raumzeit

Die Menge aller Ereignisse wird als **Raumzeit** bezeichnet.

Beobachter

Ein **Beobachter** beobachtet und beschreibt Ereignisse, indem er ihnen jeweils einen **Zeitpunkt** und **Ortskoordinaten** zuordnet.

Beispiel Ein Beobachter könnte ein auf einer Bank sitzender Spaziergänger sein, der den Fang des Vogels beobachtet. Das Beobachten des Ereignisses würde in

J. Kremer, *Spezielle Relativitätstheorie,* essentials, https://doi.org/10.1007/978-3-662-65926-7_2

diesem Fall bedeuten, für das Ereignis „der Vogel fängt die Mücke" einen Zeitpunkt
und einen Ort zu bestimmen.   △

Bezugssysteme

Um Ereignisse beobachten und beschreiben zu können, ist es notwendig, zuvor ein
Bezugssystem festzulegen. Ein Bezugssystem besteht aus

- einem **Nullpunkt**,
- einer **Uhr**,
- einem **Theodoliten** zur Richtungsbestimmung
- und einem Verfahren zur Messung von Distanz und Gleichzeitigkeit, der **Radarmethode**.

Mithilfe der Uhr und der Radarmethode kann einem beobachteten Ereignis E ein
Zeitpunkt t sowie der Abstand r zwischen E und O, dem Nullpunkt des Bezugssystems, zugeordnet werden. Wie dies genau geschieht, wird im nächsten Kapitel
besprochen. Der Theodolit ermöglicht die Bestimmung zweier Winkel θ und φ,
mit denen die Richtung von E relativ zu O ermittelt werden kann. Insgesamt werden jedem beobachteten Ereignis E auf diese Weise vier Zahlenwerte t, r, θ, φ
zugeordnet.

Die Daten (r, θ, φ) liefern die Kugelkoordinaten der Position von E, und
die zugehörigen kartesischen Koordinaten können daraus mithilfe der Standard-
Transformation

$$x = r \sin\theta \cos\varphi, \quad y = r \sin\theta \sin\varphi, \quad z = r \cos\theta$$

gewonnen werden.

Ein Beobachter befindet sich per Definition stets im Nullpunkt seines von ihm
definierten Bezugssystems.

Inertialsysteme

Nach dem Newtonschen Trägheitsgesetz gibt es eine Klasse von Bezugssystemen,
relativ zu denen sich Teilchen, auf die keine Kräfte einwirken, längs Geraden mit
konstanten Geschwindigkeiten bewegen. Ein Bezugssystem, in dem das Trägheitsgesetz gilt, wird **Inertialsystem** genannt.

Ein Beobachter, der der Gravitation ausgesetzt ist, definiert kein Inertialsystem. Da Gravitation unendlich weit wirkt und nicht abgeschirmt werden kann, gibt es genau genommen keine Inertialsysteme. Etwas freundlicher und konstruktiver formuliert, existieren Inertialsysteme jedoch näherungsweise. In einem Raumbereich im freien Weltall, weit entfernt von aller Materie, ließe sich ein Inertialsystem in guter Näherung definieren, etwa durch ein kräftefrei treibendes, nicht rotierendes Raumschiff.

Beispiel Der den Vogel beobachtende Spaziergänger befindet sich nicht im Nullpunkt eines Inertialsystems, denn auf der Erdoberfläche ist jedes materielle Objekt der Gravitation ausgesetzt. Nur dann, wenn sich der Spaziergänger in freiem Fall befände, wäre das durch ihn definierte Bezugssystem in einer Umgebung von ihm näherungsweise ein Inertialsystem. Würde etwa ein Beobachter in einem Fahrstuhl frei fallen, dann wäre er während des Falls schwerelos, das bedeutet kräftefrei, und er befände sich dann im Nullpunkt eines lokalen Inertialsystems. Gedanken wie diese haben Albert Einstein zur Allgemeinen Relativitätstheorie geführt.   △

Liegt ein Inertialsystem vor, dann ist jedes weitere Bezugssystem, das relativ zum gegebenen verschoben ist und/oder gedreht ist und/oder sich relativ zum gegebenen mit konstanter Geschwindigkeit bewegt, ebenfalls ein Inertialsystem.

Im vorliegenden Buch sind Beobachter, abgesehen von Kap. 9 zum Zwillingsparadoxon, stets inertiale Beobachter, also Beobachter, die ein Inertialsystem definieren.

Das „Spezielle" der Speziellen Relativitätstheorie

Für den Aufbau der Speziellen Relativitätstheorie setzen wir eine Welt ohne Gravitation voraus. Oder realistischer eine Welt, in der Gravitation vernachlässigt werden kann. Diese Vernachlässigung von Gravitation ist das „Spezielle" an der Speziellen Relativitätstheorie.

Das Relativitätsprinzip

Bereits Galilei formulierte das Relativitätsprinzip, wonach mechanische Experimente, die in einem Bezugssystem, das relativ zur Erde ruht, und in einem Bezugssystem, das sich relativ zur Erde geradlinig gleichförmig bewegt, durchgeführt werden, dieselben Ergebnisse zeigen, siehe Woodhouse [11]. Albert Einstein dehnte

das Relativitätsprinzip auf die gesamte Physik aus und formulierte: Alle inertialen
Beobachter sind äquivalent. Es gilt:

> Wird ein- und dasselbe Experiment in zwei verschiedenen Inertialsystemen durchge-
> führt, dann haben die beiden Experimente dieselben Ergebnisse.

Wir beschließen das Kapitel mit der Wiederholung der experimentell bestätigten
Tatsache, die im vorherigen Kapitel als die wichtigste Grundlage der Speziellen
Relativitätstheorie bezeichnet wurde:

Die Konstanz der Lichtgeschwindigkeit

> Die Geschwindigkeit des Lichts im Vakuum ist immer gleich. Sie ist unabhängig von
> der Bewegung der Lichtquelle relativ zum Beobachter.

Die Radarmethode

3

Albert Einstein erkannte zuerst, dass es nicht offensichtlich ist, in welchen Entfernungen und zu welchen Zeitpunkten beliebige Ereignisse in Raum und Zeit stattfinden, sondern dass zur Quantifizierung dieser Größen eine Messvorschrift festgelegt werden muss.

Beim Zugang von Hermann Bondi [1, 2] zur Relativitätstheorie, der in diesem Buch beschritten wird, werden Uhren und Lichtsignale als grundlegend vorausgesetzt. Jeder Beobachter führt eine Uhr mit sich, mit der er die Zeitpunkte von Ereignissen in seiner unmittelbaren Umgebung messen kann, und Beobachter können Lichtsignale aussenden und empfangen.

Im Folgenden werden zweidimensionale Diagramme zur Veranschaulichung und als Grundlage für die Argumentation verwendet werden. Eine Dimension ist der Zeit vorbehalten, sodass eine weitere Dimension für die räumliche Bewegung verbleibt.

Voraussetzung In den folgenden Kapiteln wird bis Kap. 13 einschließlich vorausgesetzt, dass sich alle betrachteten Beobachter räumlich auf einer gemeinsamen Geraden bewegen.

Die Radardefinition von Distanz und Gleichzeitigkeit

Wir betrachten einen Beobachter B, der ein Inertialsystem definiert. Er wird, wie in Abb. 3.1 gezeigt, zunächst durch einen Punkt symbolisiert.

Abb. 3.1 Ein Beobachter, bezeichnet mit B

• B

J. Kremer, *Spezielle Relativitätstheorie*, essentials, https://doi.org/10.1007/978-3-662-65926-7_3

Abb. 3.2 Der Beobachter B sendet zu einem Zeitpunkt t_1 ein Lichtsignal zu einem Objekt O aus, und er empfängt das reflektierte Signal zum Zeitpunkt t_2

Der Beobachter kann seine Uhr und Lichtsignale verwenden, um entfernten Ereignissen Zeit- und Raumkoordinaten t und x zuzuweisen. Angenommen, er sendet zu einem Zeitpunkt t_1, den er auf seiner Uhr abliest, ein Lichtsignal aus. Wir nehmen an, dass das Signal an einem Objekt reflektiert wird und den Beobachter zum Zeitpunkt t_2 wieder erreicht, siehe Abb. 3.2.

Das ausgesandte Lichtsignal erreicht das Objekt O zu einem bestimmten Zeitpunkt, und diese Koinzidenz definiert ein Ereignis A. Welches Ereignis B am Ort des Beobachters findet gleichzeitig mit A statt? Unter der Voraussetzung, dass die Geschwindigkeit des Lichts konstant ist, benötigt der Lichtstrahl, der sich vom Beobachter zu A bewegt, dieselbe Zeit wie der, der von A zum Beobachter zurückkehrt.

Der Beobachter wird also als Ereignis B, das gleichzeitig mit A stattfindet, dasjenige Ereignis bezeichnen, das sich an seinem Ort zum mittleren Zeitpunkt $t_1 + \frac{1}{2}(t_2 - t_1) = \frac{1}{2}(t_1 + t_2)$ ereignet. Dies wird die **Radardefinition der Gleichzeitigkeit** genannt.

Zur Bestimmung des räumlichen Abstands der Ereignisse B und A wird beachtet, dass das Licht für Hin- und Rückweg zusammen die Zeit $t_2 - t_1$ benötigt. Da die Lichtgeschwindigkeit immer denselben Wert c besitzt, beträgt der gesuchte räumliche Abstand $\frac{1}{2}c(t_2 - t_1)$. Dies wird als **Radardefinition der Entfernungsmessung** bezeichnet.

Abb. 3.3 wird **Raumzeit-Diagamm** genannt und stellt die **Radarmethode** zur Bestimmung der Koordinaten für ein Ereignis A in Raum und Zeit dar. Die vertikale Linie repräsentiert die **Weltlinie des Beobachters**. Die Punkte auf dieser Weltlinie kennzeichnen den Ort des Beobachters zu verschiedenen Zeitpunkten, wobei ein höher gelegener Punkt einen späteren Zeitpunkt charakterisiert als ein tiefer gelegener Punkt. Die Ausbreitung von Lichtsignalen wird durch um $\pm 45°$ gegen die Horizontale geneigte Geradenstücke symbolisiert. Wie oben beschrieben, ordnet Beobachter B dem Ereignis A

- den Zeitpunkt $t = \frac{1}{2}(t_1 + t_2)$ und
- die Distanz $x = \frac{1}{2}c(t_2 - t_1)$

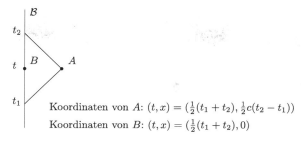

Abb. 3.3 Die Radarmethode zur Vermessung der Raumzeit. Lichtsignale werden durch Geradenstücke mit Steigung ±1 repräsentiert

zu. Damit ereignet sich A gleichzeitig mit dem Ereignis B auf der Weltlinie des Beobachters mit den Koordinaten $t = \frac{1}{2}(t_1 + t_2)$ und $x = 0$, und die beiden Ereignisse A und B haben den räumlichen Abstand $x = \frac{1}{2}c(t_2 - t_1)$ voneinander. Bei dieser Definition ist c eine Konstante, die beliebig gewählt werden kann. Wenn t in Sekunden gemessen und $c = 1$ gesetzt wird, dann ist die zugehörige Längeneinheit die Lichtsekunde.

Der Wahl von $c = 1$ entspricht in den Abbildungen, dass die Weltlinien von Lichtsignalen als Geraden mit Steigung ±1 dargestellt werden.

Wir nehmen stets an, dass ein Beobachter seinem eigenen Ort die Koordinate $x = 0$ zuweist. Ferner wählt der Beobachter einen beliebigen Zeitpunkt auf seiner Uhr als zeitlichen Nullpunkt $t = 0$. Die auf diese Weise festgelegten Koordinaten für Ereignisse der Raumzeit werden **inertiale Koordinaten** oder auch einfach nur **Koordinaten** genannt.

Angenommen, $\mathcal{B}$ sendet zu einem Zeitpunkt zwei Lichtsignale in unterschiedliche Richtungen aus, die jeweils an Ereignissen A' und A reflektiert werden und

Abb. 3.4 Lichteck

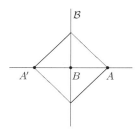

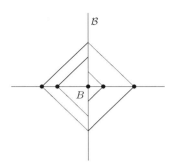

gleichzeitig zu *B* zurückkehren, wie in Abb. 3.4 dargestellt. Nach Definition finden die beiden Ereignisse A' und A jeweils gleichzeitig mit Ereignis *B* statt.

Insgesamt entsteht auf diese Weise ein Gebilde, das **Lichteck** genannt wird. Seine horizontale Diagonale besteht aus Ereignissen, die für den Beobachter *B* **gleichzeitig** stattfinden, siehe Abb. 3.5, während die vertikale Diagonale aus Ereignissen besteht, die sich am Ort des Beobachters ereignen, die also für *B* **gleichortig** sind.

Beispiel Zu einem Zeitpunkt 0 werde von der Erde aus ein Radarsignal zum Mond gesendet, das am Mond reflektiert wird und 2,4 s später wieder auf der Erde eintrifft. Nach der Radarmethode hat das Lichtsignal zum Zeitpunkt

$$t = \frac{1}{2} 2{,}4\,\text{s} = 1{,}2\,\text{s}$$

den Mond erreicht, der bei einer Lichtgeschwindigkeit von $c = 299\,792{,}45\,\text{km/s}$

$$x = c \cdot 1{,}2\,\text{s} = 359\,750\,\text{km}$$

entfernt ist. Das Ereignis am Ort des Beobachters auf der Erde, das gleichzeitig mit dem Eintreffen des Radarsignals auf dem Mond stattfindet, hat die Koordinaten

$$t = 1{,}2\,\text{s}, \quad x = 0\,\text{km}. \qquad\qquad \triangle$$

Relativ zu $\mathcal{B}$ ruhende Beobachter

4

Angenommen, ein Beobachter $\mathcal{B}'$ ruht relativ zu einem Beobachter $\mathcal{B}$. In diesem Fall befindet sich $\mathcal{B}'$ auf der betrachteten räumlichen Geraden in einem festen Abstand zu $\mathcal{B}$, siehe Abb. 4.1.

Sendet $\mathcal{B}$ zu einem Zeitpunkt t_1 ein Lichtsignal zu $\mathcal{B}'$, das dort im Ereignis E reflektiert wird und zu einem Zeitpunkt t_2 wieder bei $\mathcal{B}$ eintrifft, dann ordnet $\mathcal{B}$ dem Ereignis E mit der Radarmethode den Zeitpunkt

$$t = \frac{1}{2}\,(t_1 + t_2)$$

und den Ort

$$x = \frac{1}{2}c\,(t_2 - t_1)$$

zu, siehe Abb. 4.2. Da $\mathcal{B}'$ relativ zu $\mathcal{B}$ ruht, ist der Wert von x unabhängig vom Sendezeitpunkt t_1. Die Differenz

$$T = t_2 - t_1$$

von Empfangs- und Sendezeitpunkt ist daher konstant, und für die Laufzeit jedes von $\mathcal{B}$ ausgesandten, an $\mathcal{B}'$ reflektierten und wieder bei $\mathcal{B}$ ankommenden Lichtsignals wird jeweils der Wert T gemessen. Wird also zu einem weiteren Zeitpunkt s_1 ein Lichtsignal von $\mathcal{B}$ ausgesendet, bei $\mathcal{B}'$ in einem Ereignis F reflektiert und zum

Abb. 4.1 Der Beobachter $\mathcal{B}'$ ruht relativ zu Beobachter $\mathcal{B}$

J. Kremer, *Spezielle Relativitätstheorie,* essentials,
https://doi.org/10.1007/978-3-662-65926-7_4

Abb. 4.2 Die Weltlinie
eines relativ zu $\mathcal{B}$ ruhenden
Beobachters $\mathcal{B}'$ verläuft
parallel zu der von $\mathcal{B}$

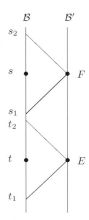

Zeitpunkt s_2 von $\mathcal{B}$ empfangen, dann sind die in Abb. 4.2 mit $t_1 E t_2$ und $s_1 F s_2$ bezeichneten Dreiecke wegen

$$T = t_2 - t_1 = s_2 - s_1$$

und aufgrund der Konstanz der Lichtgeschwindigkeit parallelverschoben. Die Weltlinie von $\mathcal{B}'$ verläuft also parallel zur Weltlinie von $\mathcal{B}$.

Bisher haben wir analysiert, welche Orts- und Zeitkoordinaten $\mathcal{B}$ Ereignissen zuordnet, die bei $\mathcal{B}'$ stattfinden. Nun werden wir den Gang der Uhren von $\mathcal{B}$ und $\mathcal{B}'$ miteinander vergleichen.

Angenommen, $\mathcal{B}$ sendet zu einem Zeitpunkt t, gemessen mit der Uhr von $\mathcal{B}$, ein Lichtsignal zu $\mathcal{B}'$, das $\mathcal{B}'$ zu einem Zeitpunkt t', gemessen mit der Uhr von $\mathcal{B}'$, erreicht. Weiter sei angenommen, dass $\mathcal{B}$ zu einem späteren Zeitpunkt s, gemessen mit der Uhr von $\mathcal{B}$, ein weiteres Lichtsignal zu $\mathcal{B}'$ sendet, das $\mathcal{B}'$ zu einem Zeitpunkt s', gemessen mit der Uhr von $\mathcal{B}'$, erreicht. Aufgrund der Geometrie in Abb. 4.3 stimmt die Länge der Strecke von t bis s auf der Weltlinie von $\mathcal{B}$ mit der Länge der Strecke von t' bis s' auf der Weltlinie von $\mathcal{B}'$ überein. Wir werden nun sehen, dass die Zeitdifferenz $\Delta t = s - t$ der gesendeten Lichtsignale, gemessen mit der Uhr von $\mathcal{B}$, mit der Zeitdifferenz $\Delta t' = s' - t'$ der empfangenen Lichtsignale, gemessen mit der Uhr von $\mathcal{B}'$, übereinstimmt.

Dazu machen wir den Ansatz

$$\Delta t' = k \Delta t, \tag{4.1}$$

Abb. 4.3 Der Uhrengang
von $\mathcal{B}$ stimmt mit dem
Uhrengang von $\mathcal{B}'$ überein

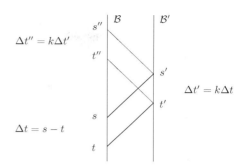

wobei $k > 0$ einen zunächst unbekannten Faktor bezeichnet, siehe Abb. 4.3. Wir
wollen zeigen, dass $k = 1$ gilt.

Dazu betrachten wir in Abb. 4.3 die von $\mathcal{B}$ zu $\mathcal{B}'$ im zeitlichen Abstand Δt ausgesandten Lichtsignale. Werden diese von $\mathcal{B}'$ im zeitlichen Abstand $\Delta t'$ empfangenen
Lichtsignale reflektiert und zurück zu $\mathcal{B}$ gesendet, dann erreichen sie $\mathcal{B}$ in einem
zeitlichen Abstand von $\Delta t'' = s'' - t''$. Nun gilt

$$\Delta t'' = k\,\Delta t', \tag{4.2}$$

wobei in (4.2) derselbe Faktor k wie in (4.1) auftritt, denn die Ergebnisse der Experimente, dass $\mathcal{B}$ Lichtsignale zu $\mathcal{B}'$ sendet, müssen aufgrund des Relativitätsprinzips
mit den Ergebnissen der Experimente, dass $\mathcal{B}'$ Lichtsignale zu $\mathcal{B}$ sendet, übereinstimmen. Daraus folgt

$$\begin{aligned}
\Delta t'' &= k\,\Delta t' \\
&= k\,(k\,\Delta t) \\
&= k^2 \Delta t.
\end{aligned}$$

Nun gilt aber

$$\begin{aligned}
\Delta t'' &= s'' - t'' \\
&= \left(s'' - s\right) - \left(t'' - t\right) + s - t \\
&= s - t \\
&= \Delta t
\end{aligned}$$

wegen
$$s'' - s = t'' - t.$$

Daraus folgt aber $k^2 = 1$, also $k = 1$, und damit

$$\Delta t' = \Delta t,$$

was zu zeigen war. Werden also zwei Lichtsignale von $\mathcal{B}$ im zeitlichen Abstand Δt in Richtung von $\mathcal{B}'$ ausgesendet, dann werden sie im zeitlichen Abstand Δt von $\mathcal{B}'$ empfangen. Wir erhalten das selbstverständlich erscheinende Ergebnis, dass der Uhrengang von $\mathcal{B}$ mit dem Uhrengang von $\mathcal{B}'$ übereinstimmt.

Dieser Zusammenhang kann verwendet werden, um die Uhren von $\mathcal{B}$ und $\mathcal{B}'$ zu synchronisieren. So könnte ein Lichtsignal von $\mathcal{B}$ zu $\mathcal{B}'$ gesendet und vereinbart werden, dass $\mathcal{B}'$ seine Uhr auf null stellt, wenn er das Lichtsignal von $\mathcal{B}$ empfängt. $\mathcal{B}$ wiederum stellt seine Uhr auf null, wenn nach dem Senden des Lichtsignals zu $\mathcal{B}'$ die Zeit

$$\frac{1}{2}\left(t'' - t\right) = \frac{1}{2}T$$

vergangen ist.

Im folgenden Kapitel werden wir sehen, dass das selbstverständlich erscheinende Ergebnis, dass die Uhrengänge von $\mathcal{B}$ und $\mathcal{B}'$ übereinstimmen, nicht mehr zutrifft, wenn sich $\mathcal{B}'$ relativ zu $\mathcal{B}$ bewegt.

Relativ zu $\mathcal{B}$ bewegte Beobachter

Wir betrachten nun einen Beobachter $\mathcal{B}'$, der sich relativ zu $\mathcal{B}$ geradlinig gleichförmig bewegt. Die Weltlinie von $\mathcal{B}'$ lässt sich dann wie in Abb. 5.1 gezeigt veranschaulichen.

Auch Beobachter $\mathcal{B}'$ misst die Raumzeit mithilfe der Radarmethode aus. Da die Lichtgeschwindigkeit nach Voraussetzung immer denselben Wert besitzt, verlaufen die Weltlinien von Lichtsignalen, die $\mathcal{B}'$ aussendet, auch für den Beobachter $\mathcal{B}$ längs Geraden, die um $\pm 45°$ gegen die Horizontale geneigt sind, und sie können wie in Abb. 5.2 dargestellt werden.

Wir sehen, dass die Diagonalen des abgebildeten Lichtecks gegenüber der Horizontalen und Vertikalen geneigt sind. Die Diagonale des Lichtecks längs der Weltlinie von $\mathcal{B}'$ enthält Ereignisse, die für $\mathcal{B}'$ am selben Ort stattfinden. Wir stellen fest:

Abb. 5.1 $\mathcal{B}'$ bewegt sich relativ zu $\mathcal{B}$ geradlinig gleichförmig

Abb. 5.2 Lichteck des
Beobachters $\mathcal{B}'$, beobachtet
aus der Perspektive eines
relativ zu $\mathcal{B}$ ruhenden
Beobachters

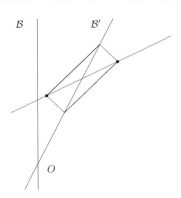

Ereignispaare, die für $\mathcal{B}'$ gleichortig sind, sind für $\mathcal{B}$ nicht gleichortig und umgekehrt.

Diese Aussage ist nicht überraschend und bereits aus der klassischen Physik vertraut. Die andere Diagonale des Lichtecks besteht dagegen aus Ereignissen, die sich für $\mathcal{B}'$ gleichzeitig ereignen. Die Diagonale gleichzeitiger Ereignisse im Lichteck von $\mathcal{B}'$ ist jedoch gegenüber der Horizontalen geneigt. Und das führt zu der spektakulären Schlussfolgerung:

Ereignispaare, die für $\mathcal{B}'$ gleichzeitig sind, sind für $\mathcal{B}$ nicht gleichzeitig und umgekehrt.

Die Eigenschaft zweier Ereignisse gleichzeitig stattzufinden ist also keine universelle Tatsache, sondern hängt vom Bezugssystem ab, von dem aus die Ereignisse beobachtet werden und wird **Relativität der Gleichzeitigkeit** genannt.

Beispiel Wir betrachten erneut das Beispiel des fahrenden Zugs aus Kap. 1: Ein Beobachter $\mathcal{B}$ steht am Bahnsteig und sieht einen Zug nach rechts an ihm vorüberfahren. Wenn ein in der Mitte des Zuges sitzender Beobachter $\mathcal{B}'$ den Beobachter $\mathcal{B}$ passiert, dann wird zu diesem Zeitpunkt im durch $\mathcal{B}$ definierten Bezugssystem von den beiden Enden des Zuges jeweils ein Lichtblitz ausgesendet, sodass beide Signale gleichzeitig bei $\mathcal{B}$ im Ereignis E eintreffen. $\mathcal{B}$ stellt daher fest, dass die beiden Ereignisse L = „Blitz schlägt links ein" und R = „Blitz schlägt rechts ein" gleichzeitig stattgefunden haben, siehe Abb. 5.3.

Abb. 5.3 Beispiel zur
Relativität der
Gleichzeitigkeit

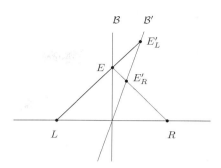

Während sich die Blitze auf B zubewegen, bewegt sich der Zug nach rechts, er fährt also dem vorderen Blitz entgegen und entfernt sich vom hinteren Blitz. Daher sagt B richtig voraus, dass der vordere Lichtblitz den Beobachter B' zuerst erreicht und erst dann der hintere Lichtblitz.

B' bewertet die Situation jedoch wie folgt: Er sieht den rechten Lichtblitz im Ereignis E_R' tatsächlich zuerst und später den linken Lichtblitz im Ereignis E_L'. Da B' in der Mitte des Zuges sitzt und da die Lichtgeschwindigkeit auch für ihn immer denselben Wert besitzt, findet für B' das Ereignis R zuerst und erst danach das Ereignis L statt. Für B' sind also die beiden Ereignisse L und R nicht gleichzeitig. △

Der k-Faktor

6

Ein inertialer Beobachter $\mathcal{B}'$ bewege sich relativ zu einem Beobachter $\mathcal{B}$ geradlinig gleichförmig. Angenommen, $\mathcal{B}$ und $\mathcal{B}'$ fliegen zunächst aufeinander zu, passieren sich in einem Ereignis O und entfernen sich anschließend voneinander, siehe Abb. 6.1.

$\mathcal{B}$ sende zu den Zeitpunkten t_1 und t_2, gemessen mit der Uhr von $\mathcal{B}$, jeweils ein Lichtsignal zu $\mathcal{B}'$. Die beiden Lichtsignale werden von $\mathcal{B}'$ zu den Zeiten t_1' und t_2', gemessen mit der Uhr von $\mathcal{B}'$, empfangen. Da die beiden Dreiecke $t_1 O t_1'$ und $t_2 O t_2'$ ähnlich sind, gilt

$$k = \frac{t_2' - t_1'}{t_2 - t_1}$$

für eine Konstante $k > 0$, die k-**Faktor** genannt wird. Wir erhalten folgende Aussage:

Abb. 6.1 $\mathcal{B}'$ bewegt sich relativ zu $\mathcal{B}$ geradlinig gleichförmig

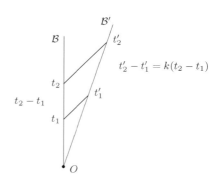

$$t_2' - t_1' = k(t_2 - t_1)$$

J. Kremer, *Spezielle Relativitätstheorie,* essentials, https://doi.org/10.1007/978-3-662-65926-7_6

Definition des k-Faktors

Sendet $\mathcal{B}$ zwei Lichtsignale im zeitlichen Abstand Δt, gemessen mit der Uhr von $\mathcal{B}$, zu $\mathcal{B}'$, dann werden diese im zeitlichen Abstand

$$\Delta t' = k\,\Delta t, \qquad (6.1)$$

gemessen mit der Uhr von $\mathcal{B}'$, von $\mathcal{B}'$ empfangen. Der Faktor k hängt nicht von den Sendezeitpunkten der Lichtsignale ab.

Sendet umgekehrt $\mathcal{B}'$ im zeitlichen Abstand $\Delta t'$, gemessen mit der Uhr von $\mathcal{B}'$, zwei Lichtsignale zu $\mathcal{B}$, dann werden diese Signale im zeitlichen Abstand

$$\Delta t = k\,\Delta t', \qquad (6.2)$$

gemessen mit der Uhr von $\mathcal{B}$, bei $\mathcal{B}$ registriert, siehe Abb. 6.2. Der k-Faktor hängt aufgrund des Relativitätsprinzips nur von der Relativbewegung der beiden Beobachter ab und nicht davon, welcher zu welchem Lichtsignale sendet. Das bedeutet, dass der in (6.2) auftretende k-Faktor mit dem k-Faktor in (6.1) übereinstimmt.

Eine detaillierte Begründung für diese letzte Aussage lautet wie folgt: Wenn $\mathcal{B}$ misst, dass sich $\mathcal{B}'$ mit einem bestimmten Geschwindigkeitsbetrag nach rechts bewegt, dann misst $\mathcal{B}'$, dass sich $\mathcal{B}$ mit diesem Geschwindigkeitsbetrag nach links bewegt. Sei nun angenommen, ein weiterer Beobachter $\mathcal{B}''$ bewegt sich mit derselben Geschwindigkeit relativ zu $\mathcal{B}'$, mit der sich $\mathcal{B}'$ relativ zu $\mathcal{B}$ bewegt, dann stimmen die beiden zugehörigen k-Faktoren aufgrund des Relativitätsprinzips überein. Da der k-Faktor, wiederum aufgrund des Relativitätsprinzips, von der Bewegungsrichtung,

Abb. 6.2 Der k-Faktor hängt nur von der Relativbewegung ab

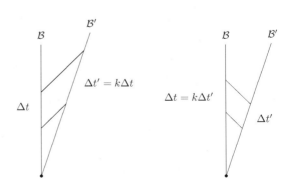

und damit insbesondere von einer Drehung um $180°$, unabhängig ist, stimmen die k-Faktoren für die beiden Bewegungen von $\mathcal{B}'$ relativ zu $\mathcal{B}$ und von $\mathcal{B}$ relativ zu $\mathcal{B}'$ überein, denn nach einer Drehung um $180°$ stimmt die Bewegung von $\mathcal{B}''$ relativ zu $\mathcal{B}'$ mit der Bewegung von $\mathcal{B}$ relativ zu $\mathcal{B}'$ überein.

Wenn also jeweils einer der Beobachter zwei Signale in einem zeitlichen Abstand Δt, gemessen mit der Uhr des Senders, zu dem jeweils anderen Beobachter sendet, dann werden die beiden Signale in einem zeitlichen Abstand $k\Delta t$, gemessen mit der Uhr des Empfängers, empfangen. Es gilt also für zwei Signale, die von einem Beobachter zum anderen gesendet werden:

$$k = \frac{\text{Empfangszeitdifferenz, gemessen mit der Uhr des Empfängers}}{\text{Sendezeitdifferenz, gemessen mit der Uhr des Senders}}.$$

Der Faktor k hängt nur von der Relativbewegung der beiden Beobachter ab, und wir werden im folgenden Kap. 7 sehen, wie dieser Faktor durch die Relativgeschwindigkeit der beiden Beobachter bestimmt ist.

Werden die Uhren der beiden Beobachter dadurch synchronisiert, dass sie im Ereignis O, in dem sie sich passieren, beide auf null gestellt werden, dann ermöglicht der k-Faktor Aussagen über die Uhrzeiten des jeweils anderen Beobachters. Denn dann entspricht ein Zeitpunkt t, gemessen auf der Uhr von $\mathcal{B}$, dem Zeitintervall von 0 im Ereignis O bis t für $\mathcal{B}$, und ein Zeitpunkt t' auf der Uhr von $\mathcal{B}'$ entspricht dem Zeitintervall von 0 bis t' für $\mathcal{B}'$. Wird ein Lichtsignal von $\mathcal{B}$ in Richtung $\mathcal{B}'$ zu einem Zeitpunkt t emittiert, wobei t die Uhrzeit auf der Uhr von $\mathcal{B}$ bezeichnet, dann wird dieses Signal von $\mathcal{B}'$ zum Zeitpunkt

$$t' = kt,$$

gemessen mit der Uhr von $\mathcal{B}'$, empfangen, denn ein zum Zeitpunkt $t = 0$ im Ereignis O von $\mathcal{B}$ zu $\mathcal{B}'$ gesendetes Signal erreicht $\mathcal{B}'$ in diesem Ereignis O, also zum Zeitpunkt $t' = 0$, sodass $t' = t' - 0 = k(t - 0) = kt$ gilt, siehe den linken Teil der Abb. 6.3.

Wird umgekehrt ein Lichtsignal von $\mathcal{B}'$ zu $\mathcal{B}$ zu einem Zeitpunkt t' ausgesendet, dann wird dieses Signal entsprechend zum Zeitpunkt $t = kt'$ von $\mathcal{B}$ empfangen, siehe den rechten Teil der Abb. 6.3.

Insgesamt gilt also:

- Ein Lichtsignal, das von $\mathcal{B}$ zu einem Zeitpunkt t (gemessen mit der Uhr von $\mathcal{B}$) ausgesendet wird, erreicht $\mathcal{B}'$ zum Zeitpunkt $t' = kt$ (gemessen mit der Uhr von $\mathcal{B}'$).

Abb. 6.3 Im Ereignis O
wird $t = t' = 0$ gesetzt

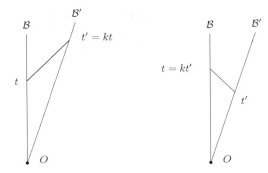

- Ein Lichtsignal, das von $\mathcal{B}'$ zu einem Zeitpunkt t' (gemessen mit der Uhr von $\mathcal{B}'$) ausgesendet wird, erreicht $\mathcal{B}$ zum Zeitpunkt $t = kt'$ (gemessen mit der Uhr von $\mathcal{B}$).

k-Faktoren besitzen eine vertraute Interpretation: Angenommen, bis zum Zeitpunkt t schwingt eine von $\mathcal{B}$ ausgesandte Welle n-mal, hat also die Frequenz $\nu_\mathcal{B} = n/t$. Die von $\mathcal{B}'$ empfangene Welle schwingt dann n-mal in der Zeit kt. Also misst $\mathcal{B}'$ die Frequenz

$$\nu_{\mathcal{B}'} = \frac{n}{kt} = \frac{1}{k}\nu_\mathcal{B},$$

und damit gilt

$$k = \frac{\nu_\mathcal{B}}{\nu_{\mathcal{B}'}}. \tag{6.3}$$

Daher ist k als das Verhältnis von Sende- zu Empfangsfrequenz eines ausgesendeten Signals ein **Doppler-Faktor**. Der Quotient $k = \nu_\mathcal{B}/\nu_{\mathcal{B}'}$ ist dann größer als 1, wenn die Sendefrequenz $\nu_\mathcal{B}$ größer ist als die Empfangsfrequenz $\nu_{\mathcal{B}'}$. Aus Kap. 7 und Kap. 9 folgt, dass dies genau dann der Fall ist, wenn sich $\mathcal{B}'$ von $\mathcal{B}$ entfernt.

Beispiel Das Licht der Mehrzahl der beobachtbaren Galaxien weist eine Rotverschiebung auf, d. h., die Spektrallinien der beobachteten Atome und Moleküle dieser Galaxien besitzen eine etwas geringere Frequenz im Vergleich zu entsprechenden Messungen auf der Erde. Dies entspricht einem k-Faktor, der größer als 1 ist, und dies weist nach, dass sich diese Galaxien von der Erde entfernen.

Eine Ausnahme bildet der Andromeda-Nebel, unsere Nachbargalaxis, deren Licht eine Blauverschiebung aufweist und die sich mit etwa 266 km/s auf die Milchstraße zubewegt.

Der optische Doppler-Effekt ist verwandt mit dem aus der Akustik bekannten Phänomen, wonach der Ton des Martinshorns eines vorüberfahrenden Krankenwagens nach dem Passieren als tiefer wahrgenommen wird.   △

Die Zeitdilatation

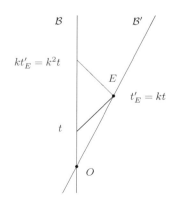

Betrachten Sie das Raumzeit-Diagramm in Abb. 7.1. Wir nehmen an, dass die Uhren von $\mathcal{B}$ und $\mathcal{B}'$ im Ereignis O auf null gestellt werden. Weiter wird ein Lichtsignal von $\mathcal{B}$ zu einem Zeitpunkt t, gemessen mit der Uhr von $\mathcal{B}$, ausgesendet und erreicht $\mathcal{B}'$ im Ereignis E, das sich zum Zeitpunkt $t'_E = kt$ ereignet, gemessen mit der Uhr von $\mathcal{B}'$. Das Lichtsignal wird von $\mathcal{B}'$ umgehend zurückgesendet und erreicht $\mathcal{B}$ zum Zeitpunkt $kt'_E = k^2 t$, gemessen mit der Uhr von $\mathcal{B}$. Daher misst $\mathcal{B}$ für die Entfernung zu E und für den Zeitpunkt von E die Werte

$$x_E = \tfrac{1}{2} c \left(k^2 - 1\right) t, \quad t_E = \tfrac{1}{2} \left(k^2 + 1\right) t. \tag{7.1}$$

Aus $k^2 t > t$ folgt $k^2 > 1$, und dies ist wegen $k > 0$ äquivalent zu $k > 1$. Mit (7.1) berechnet $\mathcal{B}$ die Geschwindigkeit von $\mathcal{B}'$ als

Abb. 7.1 Die Zeitdilatation

© Der/die Autor(en), exklusiv lizenziert an Springer-Verlag GmbH, DE,
ein Teil von Springer Nature 2022
J. Kremer, *Spezielle Relativitätstheorie*, essentials,
https://doi.org/10.1007/978-3-662-65926-7_7

$$v = \frac{x_E}{t_E} = \frac{k^2 - 1}{k^2 + 1}c. \tag{7.2}$$

Aus (7.2) folgt $0 < v < c$ und $k^2(c - v) = c + v$ oder

$$k = \sqrt{\frac{c + v}{c - v}}. \tag{7.3}$$

Mit (7.1) und mit $t'_E = kt$ folgt weiter die Beziehung

$$\frac{\text{Zeit von } O \text{ bis } E, \text{ gemessen von } \mathcal{B}}{\text{Zeit von } O \text{ bis } E, \text{ gemessen von } \mathcal{B}'} = \frac{t_E}{t'_E} = \frac{(k^2 + 1)t}{2kt} = \frac{1}{2}\left(k + \frac{1}{k}\right) = \gamma(v),$$

wobei der **Gamma-Faktor** $\gamma(v)$ wegen

$$k + \frac{1}{k} = \sqrt{\frac{c + v}{c - v}} + \sqrt{\frac{c - v}{c + v}} = \sqrt{\frac{(c + v)^2}{(c - v)(c + v)}} + \sqrt{\frac{(c - v)^2}{(c - v)(c + v)}} = \frac{2c}{\sqrt{c^2 - v^2}}$$

gegeben ist durch

$$\gamma(v) = \frac{1}{2}\left(k + \frac{1}{k}\right) = \frac{1}{\sqrt{1 - v^2/c^2}}. \tag{7.4}$$

Damit erhalten wir folgende Aussage:

Satz *Sei $\mathcal{B}'$ ein Beobachter, der sich relativ zu einem gegebenen Beobachter $\mathcal{B}$ mit Geschwindigkeit v bewegt. Die Weltlinien von $\mathcal{B}$ und $\mathcal{B}'$ mögen sich in einem Ereignis O schneiden, in dem beide Beobachter ihre Uhren auf null stellen. Weiter sei E ein Ereignis auf der Weltlinie von $\mathcal{B}'$, für das die Uhr von $\mathcal{B}'$ die Zeit $t'_E > 0$ anzeigt. Der Beobachter $\mathcal{B}$ ordnet E mithilfe der Radarmethode die Zeit t_E zu. Dann gilt*

$$t_E = \gamma(v)\,t'_E. \tag{7.5}$$

□

Nun gilt $\gamma(v) > 1$ für $v \neq 0$, und daher folgt aus (7.5)

$$t'_E < \gamma(v)\,t'_E = t_E.$$

Für $\mathcal{B}$ geht die bewegte Uhr von $\mathcal{B}'$ langsamer als seine eigene Uhr. Dies ist der Effekt der **Zeitdilatation**. Die Zeit, die zwischen zwei Ereignissen vergeht, hängt vom Beobachter ab. Im nächsten Kapitel wird besprochen, dass die Zeitdilatation wechselseitig ist. Jeder der beiden Beobachter $\mathcal{B}$ und $\mathcal{B}'$ nimmt den Gang der jeweils anderen Uhr als verlangsamt wahr.

Beispiel Für einen Astronauten, der sich mit Geschwindigkeit $v = c\sqrt{3}/2$ auf direktem Wege von der Erde entfernt, gilt

$$\frac{1}{\sqrt{1 - v^2/c^2}} = 2.$$

Wenn also der Astronaut misst, dass in seinem Raumschiff zwischen zwei Ereignissen eine Stunde vergangen ist, dann berechnet ein Beobachter auf der Erde, dass zwei Stunden zwischen diesen beiden Ereignissen vergangen sind.   △

Sollte sich $\mathcal{B}'$ in negative x-Richtung von $\mathcal{B}$ entfernen, dann gilt auch in diesem Fall $k^2 > 1$ und (7.1) lautet

$$x_E = -\tfrac{1}{2}c\left(k^2 - 1\right)t, \quad t_E = \tfrac{1}{2}\left(k^2 + 1\right)t.$$

Damit folgt

$$v = \frac{x_E}{t_E} = -\frac{k^2 - 1}{k^2 + 1}c < 0, \tag{7.6}$$

also gilt auch hier

$$k^2 = \frac{c - v}{c + v},$$

und das erhaltene k stimmt mit (7.3) überein, im Einklang mit dem Relativitätsprinzip.

Damit $\mathcal{B}'$ durch ein von $\mathcal{B}$ ausgesandtes Lichtsignal erreicht werden kann, muss die Relativgeschwindigkeit zwischen $\mathcal{B}'$ und $\mathcal{B}$ kleiner als die Lichtgeschwindigkeit sein, und tatsächlich folgt aus (7.3) und (7.6) die Relation

$$|v| = \frac{k^2 - 1}{k^2 + 1}c < c.$$

Wir betrachten erneut Abb. 7.1. Beobachter $\mathcal{B}$ sendet zu einem Zeitpunkt $t_- = t$ ein Lichtsignal aus, welches vom Beobachter $\mathcal{B}'$ im Ereignis E reflektiert wird und zum Zeitpunkt $t_+ = k^2 t$ wieder zu $\mathcal{B}$ zurückkehrt. Aufgrund der Radarmethode ordnet $\mathcal{B}$ dem Ereignis E die Zeit

$$t_E = \frac{1}{2} \left(k^2 + 1 \right) t = \frac{1}{2} \left(t_- + t_+ \right) \tag{7.7}$$

zu. Die Uhr des Beobachters $\mathcal{B}'$ zeigt bei Ereignis E jedoch die Zeit

$$t'_E = k t_- = \sqrt{k^2 t_-^2} = \sqrt{t_- \left(k^2 t_- \right)} = \sqrt{t_- t_+} \tag{7.8}$$

an. Somit ist der Zeitpunkt t_E, den $\mathcal{B}$ dem Ereignis E zuordnet, das arithmetische Mittel zwischen Sendezeitpunkt t_- und Empfangszeitpunkt t_+, während die Uhrzeit, die $\mathcal{B}'$ dem Ereignis E zuweist, das geometrische Mittel zwischen Sende- und Empfangszeitpunkt t_- und t_+ ist. Nach (7.5) gilt $t'_E < t_E$, und diese Ungleichung lautet mit (7.7) und (7.8)

$$\sqrt{t_- t_+} < \frac{1}{2} \left(t_- + t_+ \right) . \tag{7.9}$$

Relation (7.9) ist das bekannte Resultat, wonach das geometrische Mittel zweier Zahlen $0 \leq t_- < t_+$ stets kleiner als deren arithmetisches Mittel ist, was aus

$$\left(\frac{t_- + t_+}{2} + \sqrt{t_- t_+} \right) \left(\frac{t_- + t_+}{2} - \sqrt{t_- t_+} \right) = \frac{(t_- + t_+)^2}{4} - t_- t_+ = \frac{1}{4} \left(t_+ - t_- \right)^2 > 0$$

folgt.

Beispiel Durch die Wechselwirkung der kosmischen Strahlung mit der Erdatmosphäre entstehen Myonen. Diese instabilen Teilchen haben eine Halbwertszeit von $\tau = 1{,}52 \times 10^{-6}$ s. Angenommen, ein Myon wird in 10 km Höhe erzeugt und bewegt sich mit einer Geschwindigkeit von $v = 0{,}9992\, c$ in Richtung Erdoberfläche. Ohne Berücksichtigung der Relativitätstheorie beträgt die mittlere Flugstrecke des Myons unter den angegebenen Voraussetzungen

$$x = v\tau \approx 460 \text{ m}.$$

Unter Berücksichtigung der Zeitdilatation verlängert sich die Lebensdauer der Myonen um den Faktor

$$\gamma (v) = \frac{1}{\sqrt{1 - v^2/c^2}} = 25.$$

Die zurückgelegte Wegstrecke beträgt in diesem Fall

$$x = v \frac{\tau}{\sqrt{1 - v^2/c^2}} \approx 11,5 \, \text{km}.$$

Dies ist der Grund dafür, warum in der Hochatmosphäre erzeugte Myonen auf der Erdoberfläche nachgewiesen werden.   △

Die Wechselseitigkeit der Zeitdilatation 8

Wenn sich zwei Beobachter B und B' relativ zueinander bewegen, dann misst jeder den Gang der Uhr des anderen relativ zu seiner eigenen Uhr als verlangsamt. Dies ist zwar im Einklang mit dem Relativitätsprinzip, scheint aber dennoch widersprüchlich und mit der Logik nicht vereinbar zu sein. N. Dragon hat in [5] eine Analogie angegeben, die zeigt, dass es in vertrauter Umgebung Situationen gibt, die analog sind zur wechselseitigen Zeitdilatation. Betrachten Sie zwei Inseln, auf denen jeweils ein Leuchtturm steht. Wir nehmen an, dass beide Türme die gleiche Höhe besitzen. Dann sieht jeder Beobachter den Turm des anderen aufgrund der Erdkrümmung verkürzt, siehe Abb. 8.1. Die beiden Tangenten an die Kugel stellen die Sichtlinien der jeweiligen Beobachter dar. So kann der mit B bezeichnete Beobachter nur den Teil des Turms von B' wahrnehmen, der sich oberhalb des Punktes P befindet. Entsprechendes gilt umgekehrt.

Das Leuchtturm-Beispiel legt die Interpretation nahe, dass jeder Beobachter eine eigene Perspektive auf die Raumzeit besitzt, und wir werden in diesem Kapitel die elegante geometrische Konstruktion aus [4, 5] wiedergeben, die es ermöglicht,

Abb. 8.1 Analogie zur Veranschaulichung der Wechselseitigkeit der Zeitdilatation

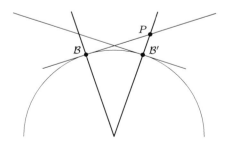

die wechselseitige Zeitdilatation zweier relativ zueinander bewegter Beobachter in einem einzigen Raumzeitdiagramm in Analogie zu Abb. 8.1 zu visualisieren.

Seien dazu $\mathcal{B}$ und $\mathcal{B}'$ zwei gegebene, relativ zueinander bewegte Beobachter, die sich in einem Ereignis O passieren, in dem sie beide jeweils ihre Uhren auf null stellen. Wir betrachten nun einen weiteren Beobachter $\mathcal{M}$, der sich so bewegt, dass er sich stets in der Mitte zwischen $\mathcal{B}$ und $\mathcal{B}'$ befindet. $\mathcal{B}$ und $\mathcal{B}'$ entfernen sich also von $\mathcal{M}$ mit gleichem Geschwindigkeitsbetrag in entgegengesetzte Richtungen, siehe Abb. 8.2.

Wenn $\mathcal{M}$ zu einem Zeitpunkt τ je ein Lichtsignal zu $\mathcal{B}$ und $\mathcal{B}'$ aussendet, die dort an den Ereignissen E und E' reflektiert werden, dann erreichen die beiden reflektierten Signale $\mathcal{M}$ gleichzeitig, denn $\mathcal{B}$ und $\mathcal{B}'$ sind von $\mathcal{M}$ stets gleich weit entfernt. Da die k-Faktoren von $\mathcal{M}$ bezüglich $\mathcal{B}$ und von $\mathcal{M}$ bezüglich $\mathcal{B}'$ aufgrund des Relativitätsprinzips übereinstimmen, zeigt die Uhr von $\mathcal{B}$ im Ereignis E dieselbe Zeit an wie die Uhr von $\mathcal{B}'$ im Ereignis E'.

Betrachten Sie nun das Ereignis E' auf der Weltlinie von $\mathcal{B}'$ und verlängern Sie das ankommende und das reflektierte Lichtsignal jeweils bis zur Weltlinie von $\mathcal{B}$, wie es in Abb. 8.3 gezeigt ist.

Auf diese Weise werden die Zeitpunkte t_- und $t_+ = k^2 t_-$ auf der Weltlinie von $\mathcal{B}$ definiert. Diese Lichtsignale wurden in Abb. 8.3 zu einem Lichteck ergänzt.

Die steilere Diagonale des Lichtecks besteht aus Ereignissen auf der Weltlinie von $\mathcal{B}$, also aus für $\mathcal{B}$ gleichortigen Ereignissen. Die andere Diagonale besteht dagegen aus Ereignissen, die für $\mathcal{B}$ gleichzeitig sind. Der Schnittpunkt F dieser Diagonalen mit der Weltlinie von $\mathcal{B}$ definiert das Ereignis am Ort von $\mathcal{B}$, das für $\mathcal{B}$

Abb. 8.2 Ein Beobachter $\mathcal{M}$ in der Mitte zwischen $\mathcal{B}$ und $\mathcal{B}'$

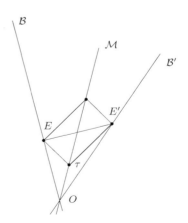

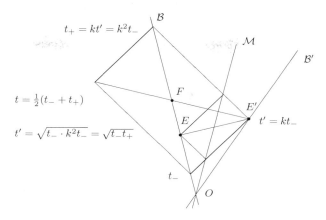

Abb. 8.3 Die relativ zum Beobachter $\mathcal{B}$ bewegte Uhr $\mathcal{B}'$ geht langsamer als seine eigene, denn es gilt $t' < t$

gleichzeitig mit Ereignis E' stattfindet, und $\mathcal{B}$ ordnet E' mit der Radarmethode die Zeit

$$t = \frac{1}{2}\,(t_- + t_+)$$

zu. Auf der Weltlinie von $\mathcal{B}$ tritt F in Abb. 8.3 zeitlich nach Ereignis E ein. Die Uhr von $\mathcal{B}$ zeigt im Ereignis E dieselbe Zeit an wie die Uhr von $\mathcal{B}'$ im Ereignis E', und diese letztere Uhrzeit lautet

$$t' = kt_- = \sqrt{k^2 t_-^2} = \sqrt{t_- \cdot k^2 t_-} = \sqrt{t_- t_+}.$$

Nach (7.9) gilt $t' < t$, und dies ist in Übereinstimmung mit Abb. 8.3. Während also $\mathcal{B}$ dem Ereignis E' die Zeit t zuordnet, zeigt die Uhr von $\mathcal{B}'$ in E' die Zeit $t' < t$ an. Die für $\mathcal{B}$ bewegte Uhr von $\mathcal{B}'$ geht also langsamer als seine eigene.

Umgekehrt ordnet $\mathcal{B}'$ dem Ereignis E auf der Weltlinie von $\mathcal{B}$ mithilfe der Radarmethode eine Uhrzeit zu, die größer ist als die Uhrzeit der Uhr von $\mathcal{B}$ im Ereignis E. Also beurteilt $\mathcal{B}'$ den Gang der Uhr von $\mathcal{B}$ als langsamer als den Gang seiner eigenen Uhr.

Dies wurde zusammen mit dem vorher beschriebenen Fall in Abb. 8.4 simultan dargestellt. Dabei wurde zur Hervorhebung der Geometrie auf die Beschriftungen verzichtet. Wir sehen also hier in einer einzigen Abbildung die Wechselseitigkeit der Zeitdilatation.

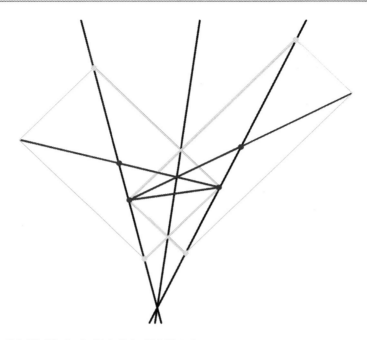

Abb. 8.4 Die Wechselseitigkeit der Zeitdilatation

Das Zwillingsparadoxon

Eine der aufsehenerregendsten Konsequenzen der Speziellen Relativitätstheorie ist das sogenannte Zwillingsparadoxon. Die Geschichte geht so, dass auf der Erde Zwillinge leben, die sich zu einem Zeitpunkt voneinander verabschieden. Der eine bricht zu einer Weltraumfahrt auf, während der andere auf der Erde zurückbleibt. Nach Jahren kehrt der Astronaut zur Erde zurück und beim Wiedersehen stellen beide fest, dass der Raumfahrer weniger stark gealtert ist, als sein auf der Erde verbliebener Bruder.

Die Beziehung der k-Faktoren für Bewegungen aufeinander zu und voneinander weg

Wir betrachten zunächst zwei Beobachter $\mathcal{B}$ und $\mathcal{B}''$, die räumlich voneinander entfernt sind, sich aber relativ zueinander in Ruhe befinden. Das bedeutet, wie wir aus Kap. 4 wissen, dass die Weltlinien von $\mathcal{B}$ und $\mathcal{B}''$ parallel zueinander sind, denn der mithilfe der Radardefinition definierte Abstand von $\mathcal{B}$ und $\mathcal{B}''$ bleibt unverändert. Angenommen, $\mathcal{B}$ sendet zwei Lichtimpulse im zeitlichen Abstand Δt (gemessen auf der Uhr von $\mathcal{B}$) in Richtung $\mathcal{B}''$ aus, dann werden diese bei $\mathcal{B}''$ im selben zeitlichen Abstand Δt (gemessen auf der Uhr von $\mathcal{B}''$) eintreffen, siehe Abb. 9.1 links.

Ein weiterer Beobachter $\mathcal{B}'$ bewege sich mit konstanter Geschwindigkeit v von $\mathcal{B}$ in Richtung $\mathcal{B}''$. Betrachten wir wieder die Situation, dass $\mathcal{B}$ zwei Lichtimpulse im zeitlichen Abstand Δt (gemessen mit der Uhr von $\mathcal{B}$) in Richtung $\mathcal{B}''$ aussendet, dann werden diese zunächst bei $\mathcal{B}'$ im zeitlichen Abstand

$$\Delta t' = k \, \Delta t$$

J. Kremer, *Spezielle Relativitätstheorie, essentials,*
https://doi.org/10.1007/978-3-662-65926-7_9

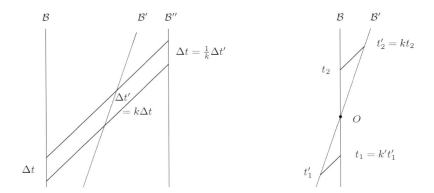

Abb. 9.1 Die k-Faktoren bei Bewegung aufeinander zu und voneinander weg

(gemessen mit der Uhr von $\mathcal{B}'$) eintreffen. Wir nehmen nun weiter an, dass $\mathcal{B}'$ immer dann, wenn ein Lichtsignal eintrifft, selbst ein Lichtsignal in Richtung $\mathcal{B}''$ aussendet. Da die Lichtgeschwindigkeit unabhängig von der Bewegung der Quelle immer denselben Wert besitzt, fliegen die passierenden und die von $\mathcal{B}'$ gesendeten Lichtsignale gemeinsam in Richtung $\mathcal{B}''$ und erreichen $\mathcal{B}''$ gleichzeitig. Das bedeutet aber, dass zwei im zeitlichen Abstand $\Delta t'$ von $\mathcal{B}'$ (gemessen mit der Uhr von $\mathcal{B}'$) ausgesendete Lichtsignale von $\mathcal{B}''$ im zeitlichen Abstand Δt (gemessen mit der Uhr von $\mathcal{B}''$) empfangen werden. Nun gilt jedoch

$$\Delta t = \frac{1}{k}\Delta t'.$$

Die k-Faktoren für Bewegungen bei gleicher Geschwindigkeit aufeinander zu und voneinander weg sind also Kehrwerte voneinander.

Alternativ betrachte Abb. 9.1 rechts. Dort bewegt sich ein Beobachter $\mathcal{B}'$ zunächst mit konstanter Geschwindigkeit auf einen Beobachter $\mathcal{B}$ zu, passiert ihn im Ereignis O und bewegt sich anschließend von ihm weg. Dabei bezeichnet k' den Doppler-Faktor bei Bewegung aufeinander zu und k den Doppler-Faktor bei Bewegung voneinander weg. Da die Dreiecke $t_1'Ot_1$ und $t_2'Ot_2$ ähnlich sind, folgt

$$\frac{t_2'}{t_1'} = \frac{t_2}{t_1}.$$

Nun gilt aber $t_2' = kt_2$ und $t_1 = k't_1'$, also

$$\frac{t_2}{t_1} = \frac{t_2'}{t_1'} = \frac{kt_2}{\frac{1}{k'}t_1},$$

und daher

$$k' = \frac{1}{k}. \tag{9.1}$$

Wiederum erhalten wir das Ergebnis, dass die k-Faktoren für Bewegungen bei gleicher Geschwindigkeit aufeinander zu und voneinander weg Kehrwerte voneinander sind.

Das Zwillingsparadoxon

Nun untersuchen wir das **Zwillingsparadoxon** und setzen zwei Beobachter $\mathcal{B}$ und $\mathcal{B}'$ voraus, die sich zunächst am selben Ort befinden mögen. Dann entferne sich $\mathcal{B}'$ zu einem Zeitpunkt, in dem beide Beobachter ihre Uhren auf null stellen, mit konstanter Geschwindigkeit v von $\mathcal{B}$, siehe Abb. 9.2. Nach einer Flugzeit t', gemessen mit der Uhr von $\mathcal{B}'$, kehre $\mathcal{B}'$ um und fliege mit Geschwindigkeit $-v$ zu $\mathcal{B}$ zurück. Dabei werden Beschleunigungs- und Verzögerungsphasen nicht berücksichtigt.

Die Reise von $\mathcal{B}'$ dauert also, gemessen mit der Uhr von $\mathcal{B}'$, insgesamt

$$\Delta t' = 2t'. \tag{9.2}$$

Abb. 9.2 Das Zwillingsparadoxon

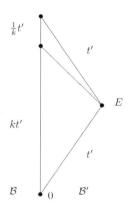

Angenommen, $\mathcal{B}'$ sendet im Umkehrereignis E ein Lichtsignal aus, dann erreicht es $\mathcal{B}$ zum Zeitpunkt $t = kt'$, wobei $k > 1$ den k-Faktor für die Relativbewegung von $\mathcal{B}$ und $\mathcal{B}'$ voneinander weg bezeichnet. Da für die Rückreise der reziproke k-Faktor gilt, vergeht auf der Uhr von $\mathcal{B}$ zwischen dem Eintreffen des Lichtsignals und der Ankunft von $\mathcal{B}'$ bei $\mathcal{B}$ die Zeitdauer $t = \frac{1}{k}t'$, siehe wiederum Abb. 9.2.

Nach der Uhr von $\mathcal{B}$ dauert die Reise von $\mathcal{B}'$ daher

$$\Delta t = kt' + \frac{1}{k}t' = 2\gamma\,(v)\,t' = \gamma\,(v)\,\Delta t', \tag{9.3}$$

wobei (7.4) und (9.2) verwendet wurde.

Wegen $\gamma\,(v) > 1$ vergeht für $\mathcal{B}$ also zwischen Verabschiedung und Wiedersehen mehr Zeit, als für den Reisenden $\mathcal{B}'$. Beachten Sie, dass die Situation zwischen $\mathcal{B}$ und $\mathcal{B}'$ nicht symmetrisch ist, denn während $\mathcal{B}$ für die gesamte Zeit in seinem inertialen Bezugssystem verbleibt, wechselt $\mathcal{B}'$ sein Inertialsystem bei E.

Beispiel Angenommen, im Alter von 20 Jahren tritt einer der Zwillingsbrüder seine Weltraumreise an, während der andere auf der Erde zurückbleibt. Weiter sei angenommen, dass der Reisende zurückkehrt, wenn sein auf der Erde verbliebener Bruder 72 Jahre alt geworden ist. Wie alt ist der Astronaut bei seiner Rückkehr, wenn seine Reisegeschwindigkeit $12/13\,c$ betragen hat?

Nach (9.3) gilt $\Delta t = \gamma\,(v)\,\Delta t'$, also

$$\Delta t' = \sqrt{1 - v^2/c^2}\,\Delta t,$$

wobei $\Delta t'$ die Flugzeit des Raumfahrers und Δt die Wartezeit des auf der Erde verbliebenen Bruders bezeichnet. Mit $\Delta t' = 52$ und mit $\sqrt{1 - v^2/c^2} = 0,38$ folgt $\Delta t = 20$. Für den Raumfahrer sind also lediglich 20 Jahre vergangen, und er kehrt im Alter von 40 Jahren zur Erde zurück. $\triangle$

Die Lorentz-Transformation

10

Wir untersuchen nun, wie die Koordinatensysteme, die zwei relativ zueinander bewegte inertiale Beobachter $\mathcal{B}$ und $\mathcal{B}'$ definieren, miteinander zusammenhängen. Für ein gegebenes Ereignis E bestimmen $\mathcal{B}$ und $\mathcal{B}'$ jeweils inertiale Koordinaten t, x und t', x'. Wir werden im Folgenden ableiten, wie mithilfe gegebener Koordinaten t', x' die Koordinaten t, x berechnet werden können. Der Einfachheit halber nehmen wir an, dass beide Beobachter ihre Uhren auf null stellen, wenn sie sich in einem Ereignis O passieren. Damit wird O zum gemeinsamen Nullpunkt der beiden Koordinatensysteme.

Satz (Die Lorentz-Transformation) *Für die von $\mathcal{B}$ und $\mathcal{B}'$ definierten Koordinaten gilt die Beziehung*

$$\begin{pmatrix} ct \\ x \end{pmatrix} = \gamma\,(v) \begin{pmatrix} 1 & v/c \\ v/c & 1 \end{pmatrix} \begin{pmatrix} ct' \\ x' \end{pmatrix}, \tag{10.1}$$

*wobei v die Relativgeschwindigkeit zwischen $\mathcal{B}$ und $\mathcal{B}'$ bezeichnet. Die Beziehung (10.1) zwischen den Koordinaten von $\mathcal{B}$ und $\mathcal{B}'$ ist die (zweidimensionale) **Lorentz-Transformation**.*

Beweis Sei k der k-Faktor zwischen $\mathcal{B}$ und $\mathcal{B}'$. Betrachten Sie das Raumzeitdiagramm der Abb. 10.1. Ein Lichtsignal wird von $\mathcal{B}$ zum Zeitpunkt T, gemessen mit der Uhr von $\mathcal{B}$, ausgesendet, passiert $\mathcal{B}'$ zum Zeitpunkt kT, gemessen mit der Uhr von $\mathcal{B}'$, wird am Ereignis E reflektiert, passiert wiederum $\mathcal{B}'$ zu einem Zeitpunkt T', gemessen mit der Uhr von $\mathcal{B}'$, und kehrt zu $\mathcal{B}$ zum Zeitpunkt kT', gemessen mit der Uhr von $\mathcal{B}$, zurück.

J. Kremer, *Spezielle Relativitätstheorie,* essentials, https://doi.org/10.1007/978-3-662-65926-7_10

Abb. 10.1 Die Herleitung
der Koordinatentrans-
formation

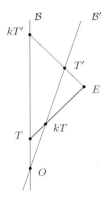

- Im Inertialsystem des Beobachters B sind die Koordinaten von E gegeben durch

$$t = \tfrac{1}{2}\left(kT' + T\right), \quad x = \tfrac{1}{2}c\left(kT' - T\right).$$

- Im Inertialsystem des Beobachters B' lauten die Koordinaten von E

$$t' = \tfrac{1}{2}\left(T' + kT\right), \quad x' = \tfrac{1}{2}c\left(T' - kT\right).$$

Somit erhalten wir

$$\begin{aligned} ct + x &= ckT', & ct - x &= cT, \\ ct' + x' &= cT', & ct' - x' &= ckT, \end{aligned}$$

also

$$ct + x = k\left(ct' + x'\right), \quad ct - x = \frac{1}{k}\left(ct' - x'\right).$$

Addition und Subtraktion beider Gleichungen liefert

$$ct = \frac{1}{2}\left(k + \frac{1}{k}\right)ct' + \frac{1}{2}\left(k - \frac{1}{k}\right)x' \tag{10.2}$$

$$x = \frac{1}{2}\left(k - \frac{1}{k}\right)ct' + \frac{1}{2}\left(k + \frac{1}{k}\right)x'.$$

Nach (7.4) gilt $k + 1/k = 2\gamma\,(v)$. Daraus folgt mit (7.2)

$$k - \frac{1}{k} = \frac{v}{c}\left(k + \frac{1}{k}\right) = 2\frac{v}{c}\gamma\,(v),$$

und damit kann (10.2) geschrieben werden als

$$ct = \gamma\,(v)\,ct' + \gamma\,(v)\,\frac{v}{c}x'$$

$$x = \gamma\,(v)\,\frac{v}{c}ct' + \gamma\,(v)\,x',$$

was zu zeigen war. $\square$

Setzen wir $x' = 0$, dann folgt $t' = t/\gamma\,(v)$ und weiter

$$x = vt.$$

Im Falle von $v > 0$ bewegt sich $\mathcal{B}'$ relativ zu $\mathcal{B}$ mit Geschwindigkeit v in die positive x-Richtung. Für $x' = 0$ gilt zudem $t = \gamma\,(v)\,t'$, und dies ist die Zeitdilatationsformel für Ereignisse auf der Weltlinie von $\mathcal{B}'$.

Bezeichnen wir die Matrix der Lorentz-Transformation mit L_v,

$$L_v = \gamma\,(v)\begin{pmatrix} 1 & v/c \\ v/c & 1 \end{pmatrix},$$

dann gilt $\det L_v = \gamma^2\,(v)\left(1 - v^2/c^2\right) = 1$, und daraus folgt[1]

$$L_v^{-1} = \gamma\,(v)\begin{pmatrix} 1 & -v/c \\ -v/c & 1 \end{pmatrix} = L_{-v}.$$

Die zu (10.1) inverse Transformation ist daher gegeben durch

$$\begin{pmatrix} ct' \\ x' \end{pmatrix} = \gamma\,(v)\begin{pmatrix} 1 & -v/c \\ -v/c & 1 \end{pmatrix}\begin{pmatrix} ct \\ x \end{pmatrix}.$$

Für $x = 0$ erhalten wir

$$x' = -vt',$$

also bewegt sich $\mathcal{B}$ relativ zu $\mathcal{B}'$ im Einklang mit dem Relativitätsprinzip mit derselben betragsmäßigen Geschwindigkeit v in die negative x'-Richtung.

Wir beenden das Kapitel mit einer Untersuchung der Lorentz-Transformation für den Grenzfall $v \ll c$. Zunächst kann (10.1) geschrieben werden als

---

[1] Die Inverse einer regulären 2×2-Matrix $A = \begin{pmatrix} a & b \\ c & d \end{pmatrix}$ lautet $A^{-1} = \frac{1}{\det A}\begin{pmatrix} d & -b \\ -c & a \end{pmatrix}$.

$$\begin{pmatrix} t \\ x \end{pmatrix} = \gamma\,(v) \begin{pmatrix} 1 & v/c^2 \\ v & 1 \end{pmatrix} \begin{pmatrix} t' \\ x' \end{pmatrix}.$$

Für $v \ll c$ gilt $\gamma\,(v) \approx 1$ sowie $v/c^2 \approx 0$ und wir erhalten näherungsweise die Transformation

$$\begin{pmatrix} t \\ x \end{pmatrix} = \begin{pmatrix} 1 & 0 \\ v & 1 \end{pmatrix} \begin{pmatrix} t' \\ x' \end{pmatrix},$$

also

$$t = t'$$

und

$$x = vt' + x'.$$

Dies ist gerade die vertraute **Galilei-Transformation** der klassischen Physik. Hier stimmen die Zeiten für die beiden Beobachter $\mathcal{B}$ und $\mathcal{B}'$ stets überein und für $x' = 0$ folgt daher $x = vt$. Auch nach der klassischen Physik bewegt sich der Beobachter $\mathcal{B}'$ also mit Geschwindigkeit v relativ zu $\mathcal{B}$.

Beispiel. Ein Beobachter $\mathcal{B}'$ bewege sich mit Geschwindigkeit $v = 0,6\,c$ relativ zu einem Beobachter $\mathcal{B}$ in positive x-Richtung. Beide Beobachter stellen ihre Uhren auf null, wenn sie sich passieren, und verwenden bei ihren Messungen für die Zeit die Einheit Jahr, J, und für die Länge die Einheit Lichtjahr, LJ. Ein Lichtjahr ist die Wegstrecke, die das Licht in einem Jahr zurücklegt. Bei der Wahl dieser Einheiten besitzt die Lichtgeschwindigkeit den Wert $c = 1\,\text{LJ/J}$. Angenommen, $\mathcal{B}$ bestimmt für ein von ihm beobachtetes Ereignis E die Koordinaten $t = 1\,\text{J}$ und $x = 2\,\text{LJ}$. Wie lauten die Koordinaten dieses Ereignisses für Beobachter $\mathcal{B}'$?

Der Beobachter $\mathcal{B}$ bewegt sich mit Geschwindigkeit $-v$ relativ zu $\mathcal{B}'$. Die zugehörige Lorentz-Transformation lautet

$$\begin{pmatrix} ct' \\ x' \end{pmatrix} = \gamma\,(v) \begin{pmatrix} 1 & -v/c \\ -v/c & 1 \end{pmatrix} \begin{pmatrix} ct \\ x \end{pmatrix},$$

und damit berechnen wir

$$\begin{pmatrix} ct' \\ x' \end{pmatrix} = \frac{1}{\sqrt{1 - 0,6^2}} \begin{pmatrix} 1 & -0,6 \\ -0,6 & 1 \end{pmatrix} \begin{pmatrix} 1 \\ 2 \end{pmatrix} = \begin{pmatrix} -0,25 \\ 1,75 \end{pmatrix}.$$

Für $\mathcal{B}'$ findet das Ereignis E zum Zeitpunkt $t = -0,25\,\text{J}$ und am Ort $x = 1,75\,\text{LJ}$ statt. $\triangle$

Die Längenkontraktion

Relativ zueinander bewegte Beobachter ordnen zeitlichen Vorgängen nicht nur verschiedene Zeitspannen zu, sie erhalten auch für den Abstand räumlich entfernter Ereignisse verschiedene Ergebnisse. So erscheinen bewegte Objekte in Bewegungsrichtung verkürzt, was Längenkontraktion genannt wird. In diesem Kapitel werden verschiedene Methoden zur Berechnung der Längenkontraktion vorgestellt.

Die Längenkontraktion als begleitender Effekt der Zeitdilatation

Wir nehmen an, dass sich ein Beobachter $\mathcal{B}'$ relativ zu einem weiteren Beobachter $\mathcal{B}$ mit Geschwindigkeitsbetrag v bewegt. Wenn $\mathcal{B}$ beobachtet, dass sich $\mathcal{B}'$ während einer Zeitspanne Δt um eine Strecke Δx bewegt, dann gilt

$$v = \frac{\Delta x}{\Delta t}.$$

Während der Zeit Δt vergeht im relativ zu $\mathcal{B}$ bewegten Bezugssystem $\mathcal{B}'$ aufgrund der Zeitdilatation nach (7.5) die geringere Zeitspanne

$$\Delta t' = \frac{\Delta t}{\gamma(v)},$$

und während dieser Zeit beobachtet $\mathcal{B}'$ eine Bewegung von $\mathcal{B}$ um eine Distanz $\Delta x'$. Aber auch hier gilt aufgrund des Relativitätsprinzips

$$v = \frac{\Delta x'}{\Delta t'},$$

J. Kremer, *Spezielle Relativitätstheorie*, essentials,
https://doi.org/10.1007/978-3-662-65926-7_11

also

$$\Delta x' = \Delta x \frac{\Delta t'}{\Delta t} = \frac{\Delta x}{\gamma\,(v)}.$$

Wir stellen fest: $\mathcal{B}$ nimmt den Zeitraum $\Delta t'$, der von $\mathcal{B}'$ gemessen wird, gegenüber dem von ihm gemessenen Zeitraum Δt aufgrund der Zeitdilatation als verkürzt wahr. Weiter misst $\mathcal{B}'$ anstelle der Distanz Δx, die von $\mathcal{B}$ gemessen wird, den kleineren Wert $\Delta x' = \Delta x/\gamma\,(v)$. Dieser Effekt wird **Längenkontraktion** genannt.

Beispiel

1. In Kap. 7 wurde das Beispiel der in der Hochatmosphäre entstehenden Myonen besprochen. Aufgrund ihrer kurzen Halbwertszeit sollten sie die Erdoberfläche nicht erreichen können. Da Beobachter auf der Erde aber aufgrund der Zeitdilatation eine Verlangsamung des Zeitverlaufs der Myonen gegenüber des eigenen Uhrengangs feststellen, erreichen die Elementarteilchen vor ihrem Zerfall dennoch den Erdboden mit hoher Wahrscheinlichkeit.

   Wie aber stellt sich die Situation aus Sicht der Myonen dar? Wenn diese in 10 km Höhe entstehen, dann haben sie bei einer Halbwertszeit von $\tau = 1{,}52 \times 10^{-6}$ s eine mittlere Flugzeit von

   $$x = v\tau \approx 460\,\text{m}$$

   zu erwarten. Wie erklärt sich aus der Perspektive der Myonen, dass sie die Erdoberfläche erreichen können?

   Die Antwort besteht darin, dass sich die Erde aus Sicht der Myonen mit einer Geschwindigkeit von etwa $v = 0{,}9992\,c$ auf sie zubewegt. Dadurch wird die Höhe von $h = 10$ km, in der sie über dem Erdboden entstanden sind, aufgrund der Längenkontraktion auf den Wert

   $$h' = h\sqrt{1 - v^2/c^2} \approx 400\,\text{m}$$

   gestaucht und es ist ihnen daher möglich, vor ihrem Zerfall die Erdoberfläche zu erreichen.

   Wir sehen, dass je nach Perspektive auf die Raumzeit ein anderer relativistischer Effekt dieselbe physikalische Beobachtung „die Myonen erreichen den Erdboden" erklärt, so aus der Perspektive eines Beobachters auf der Erde die Zeitdilatation und aus der Perspektive der Myonen die Längenkontraktion.

2. Die Entfernung zu unserer Nachbargalaxis Andromeda wird auf etwa $\Delta x = 2{,}5$ Mio Lichtjahre geschätzt. Aufgrund der Längenkontraktion besteht die theoretische Möglichkeit, diese Galaxis innerhalb der Lebensspanne eines Menschen zu besuchen. Zunächst gilt

$$v = \frac{\Delta x'}{\Delta t'} = \frac{\Delta x / \gamma\,(v)}{\Delta t'}.$$

Wird eine Reisezeit von $\Delta t' = 20\,$J bis zu Andromeda geplant, dann folgt daraus für die Reisegeschwindigkeit v die Beziehung

$$\frac{v}{c}\gamma\,(v) = \frac{\Delta x}{c\Delta t'} = \frac{2{,}5 \times 10^6}{20} = 125\,000 = a.$$

Dies liefert

$$\frac{v}{c} = \sqrt{\frac{a^2}{a^2 + 1}} = 0{,}999999999968.$$

Kehrt der Astronaut nach Erreichen der Andromeda-Galaxis sofort um und fliegt mit derselben Geschwindigkeit v zurück, dann beträgt seine Gesamtreisezeit $\Delta t' = 40\,$J, wenn Beschleunigungs- und Verzögerungsphasen nicht berücksichtigt werden. Die Gesamtstrecke, die von der Erde aus beurteilt in diesem Fall zurückgelegt wird, beträgt $\Delta x = 5$ Mio Lichtjahre. Nach (9.3) wären bei der Rückkehr auf der Erde

$$\Delta t = \gamma\,(v)\,\Delta t' = \frac{\Delta x}{v} \approx \frac{\Delta x}{c} = 5 \times 10^6$$

Jahre vergangen. Wenn man sich nicht einmal vorstellen möchte, wie es auf der Erde in nur einem Jahr aussieht, dann sollte man sich eine derartige Reise gut überlegen. △

Berechnung der Längenkontraktion mithilfe des k-Kalküls

Wir wollen die Längenkontraktion nun mithilfe des k-Kalküls analysieren. Dazu betrachten wir einen inertialen Beobachter B und einen relativ zu B bewegten Beobachter B', der einen Stab mit sich trägt. Das linke Stabende stimmt mit dem Ort des Beobachters B' überein, das rechte Stabende wird durch eine zur Weltlinie von B' parallele Weltlinie dargestellt, siehe Abb. 11.1.

Mit den Bezeichnungen in Abb. 11.1 gilt $\Delta t = t - s = s' - t'$ und wir erhalten mit der Radarmethode für die von B gemessene Länge L_B des Stabes den Wert

$$L_B = \frac{1}{2}c\,(s' - s) - \frac{1}{2}c\,(t' - t) = \frac{1}{2}c\,(2\Delta t) = c\Delta t.$$

Abb. 11.1 Die
Längenkontraktion

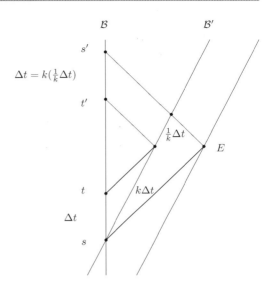

$$\Delta t = k\left(\tfrac{1}{k}\Delta t\right)$$

Beachten Sie, dass die beiden Ereignisse, in denen die Lichtsignale an rechtem und linkem Stabende reflektiert werden, für $\mathcal{B}$ gleichzeitig stattfinden.

Bezüglich $\mathcal{B}'$ berechnen wir den Abstand des Reflektionsereignisses E vom linken Ende des Stabes mithilfe der Radarmethode. Die Zeit, die ein vom linken Ende $\mathcal{B}'$ des Stabes ausgesandtes, am rechten Stabende in E reflektiertes und wieder am linken Ende empfangenes Lichtsignal benötigt, schreiben wir als Summe zweier Zeitintervalle. Zunächst erreichen die im Abstand Δt von $\mathcal{B}$ ausgesandten Lichtsignale den Beobachter $\mathcal{B}'$ im zeitlichen Abstand von $k\,\Delta t$, wenn k den k-Faktor von $\mathcal{B}$ und $\mathcal{B}'$ bezeichnet. Weiter müssen die im zeitlichen Abstand Δt von $\mathcal{B}$ empfangenen Lichtsignale den Beobachter $\mathcal{B}'$ im zeitlichen Abstand $\frac{1}{k}\Delta t$ passiert haben, denn es gilt $\Delta t = k\left(\frac{1}{k}\Delta t\right)$. Damit erhalten wir für die von $\mathcal{B}'$ gemessene Länge $L_{\mathcal{B}'}$ des Stabes den Wert

$$L_{\mathcal{B}'} = \frac{1}{2}c\left(k + \frac{1}{k}\right)\Delta t = c\gamma\left(v\right)\Delta t = \gamma\left(v\right)L_{\mathcal{B}}.$$

Das bedeutet, dass Beobachter $\mathcal{B}$, an dem der Stab vorbeifliegt, eine um den Faktor $1/\gamma\left(v\right) = \sqrt{1 - v^2/c^2}$ kürzere Länge misst als $\mathcal{B}'$, in dessen Bezugssystem der Stab ruht,

$$L_\mathcal{B} = \frac{1}{\gamma(v)} L_{\mathcal{B}'} < L_{\mathcal{B}'}. \tag{11.1}$$

Berechnung der Längenkontraktion mithilfe der Lorentz-Transformation

Betrachten Sie zwei Beobachter $\mathcal{B}$ und $\mathcal{B}'$, deren inertiale Koordinatensysteme über eine Lorentz-Transformation

$$L = \gamma(v) \begin{pmatrix} 1 & v/c \\ v/c & 1 \end{pmatrix}$$

miteinander zusammenhängen.

Ruht ein Stab relativ zu $\mathcal{B}'$ entlang der x'-Achse zwischen $x' = 0$ und $x' = d'$, dann hat seine Länge bezüglich $\mathcal{B}'$ den Wert d', denn im Inertialsystem von $\mathcal{B}'$ sind die Weltlinien von linkem und rechtem Stabende gegeben durch

$$\alpha_l'(t') = \begin{pmatrix} ct' \\ 0 \end{pmatrix}, \quad \alpha_r'(t') = \begin{pmatrix} ct' \\ d' \end{pmatrix}.$$

Für einen beliebigen Zeitpunkt t' beträgt die Differenz der räumlichen Koordinaten von rechtem und linkem Stabende, und damit die Länge des Stabs,

$$d' - 0 = d'.$$

Im durch den Beobachter $\mathcal{B}$ definierten Koordinatensystem sind diese beiden Weltlinien in Parameterdarstellung mit t' als Parameter gegeben durch

$$\alpha_l(t') = L\alpha_l'(t') = \gamma(v) \begin{pmatrix} ct' \\ vt' \end{pmatrix}$$

$$\alpha_r(t') = L\alpha_r'(t') = \gamma(v) \begin{pmatrix} ct' + d'v/c \\ vt' + d' \end{pmatrix}.$$

Zur Bestimmung der Länge des Stabes bezüglich $\mathcal{B}$ kann nun nicht einfach die Differenz der räumlichen Koordinaten berechnet werden, denn die zeitlichen Komponenten der beiden Weltlinien α_l und α_r stimmen für einen gegebenen Parameterwert t' nicht überein. Wählen wir also einen beliebigen Parameterwert t_l' für die Weltlinie α_l, dann muss der Parameterwert t_r' für die Weltlinie α_r so bestimmt werden, dass die zeitlichen Komponenten von $\alpha_l\left(t'_l\right)$ und $\alpha_r\left(t'_r\right)$ übereinstimmen. Dies führt zur Bedingung

$$ct'_l = ct'_r + d'v/c,$$

also zu

$$vt'_r - vt'_l = -d'v^2/c^2,$$

und für die Differenz d der räumlichen Komponenten erhalten wir

$$d = \gamma\left(v\right)\left(\left(vt'_r + d'\right) - vt'_l\right) = \gamma\left(v\right)d'\left(1 - v^2/c^2\right) = d'\sqrt{1 - v^2/c^2}. \quad (11.2)$$

Für $\mathcal{B}$ bewegt sich der Stab mit Geschwindigkeit v und ist kürzer als für $\mathcal{B}'$, in dessen Bezugssystem der Stab ruht, und (11.2) stimmt mit (11.1) überein.

Die Wechselseitigkeit der Längenkontraktion

12

Im linken Teil der Abb. 12.1, die sich an [5] orientiert, sind die Weltlinien zweier relativ zueinander bewegter Beobachter $\mathcal{B}$ und $\mathcal{B}'$ skizziert sowie die Weltlinie eines weiteren Beobachters $\mathcal{M}$, der sich stets in der Mitte zwischen $\mathcal{B}$ und $\mathcal{B}'$ befindet. Wir setzen voraus, dass die Beobachter $\mathcal{B}$, $\mathcal{M}$ und $\mathcal{B}'$ ihre Uhren im Ereignis O, in dem sie sich passieren, auf null stellen. Jeder der Beobachter $\mathcal{B}$ und $\mathcal{B}'$ führt einen Maßstab mit sich. Die Weltlinie des linken Endes des Maßstabs des Beobachters $\mathcal{B}$ stimmt mit der Weltlinie von $\mathcal{B}$ überein, während die Weltlinie des rechten Endes parallel dazu verläuft. Entsprechend stimmt das rechte Ende der Weltlinie des Maßstabs von $\mathcal{B}'$ mit der Weltlinie von $\mathcal{B}'$ überein, während die Weltlinie des linken Endes parallel dazu verläuft.

Die beiden Maßstäbe sind gleich lang, denn in den Ereignissen τ und τ', die für $\mathcal{M}$ gleichzeitig, in gleicher Entfernung und in entgegengesetzter Richtung stattfinden, stimmen die Enden beider Maßstäbe überein.

Nun betrachten wir das mittlere der Raumzeitdiagramme in Abb. 12.1, in dem einige Elemente des linken Raumzeitdiagramms weggelassen wurden. Beibehalten

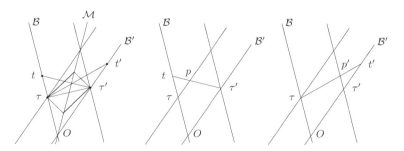

Abb. 12.1 Zur Begründung der Wechselseitigkeit der Längenkontraktion

J. Kremer, *Spezielle Relativitätstheorie*, essentials, https://doi.org/10.1007/978-3-662-65926-7_12

wurde die Strecke von t zu τ', die aus Ereignissen besteht, die für $\mathcal{B}$ gleichzeitig stattfinden. Die Länge des Maßstabs von $\mathcal{B}$ besteht daher aus der räumlichen Distanz der mit t und τ' gekennzeichneten Ereignisse. Der relativ zu $\mathcal{B}$ bewegte Maßstab von $\mathcal{B}'$ ist jedoch kürzer, denn die Weltlinie seines linken Endes schneidet die Strecke von t bis τ' im Punkt p.

Da die Dreiecke $t\,O\,\tau'$ und $t\,\tau\,p$ ähnlich sind, verhält sich die Länge L' der Strecke $p\tau'$ zur Länge L der Strecke $t\,\tau'$ wie die Länge der Strecke $O\tau$ zur Länge der Strecke Ot,

$$\frac{L'}{L} = \frac{O\tau}{Ot}.$$

Es ist aber t die Länge der Strecke Ot und aufgrund der Zeitdilatation besitzt die Länge der Strecke $O\tau$ den Wert $\tau = \sqrt{1 - v^2/c^2}\,t$, also folgt

$$\frac{O\tau}{Ot} = \frac{\sqrt{1 - v^2/c^2}\,t}{t} = \sqrt{1 - v^2/c^2}.$$

Daher hat ein mit Geschwindigkeit v bewegter Maßstab die Länge

$$L' = \sqrt{1 - v^2/c^2}\,L,$$

Abb. 12.2 Die Wechselseitigkeit der Längenkontraktion

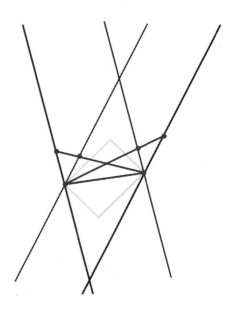

wenn ihn ein Beobachter mit seinem gleichen, ruhenden Maßstab der Länge L vergleicht. Ein bewegter Maßstab ist also gegenüber einem ruhenden Maßstab um denselben Faktor $\sqrt{1 - v^2/c^2}$ kürzer, um den bewegte Uhren gegenüber ruhenden langsamer gehen.

Wie das rechte Raumzeitdiagramm in Abb. 12.1 zeigt, ist die Verkürzung bewegter Maßstäbe wechselseitig. Für den Beobachter $\mathcal{B}'$ sind hier die durch τ und t' gekennzeichneten Ereignisse gleichzeitig, und der Maßstab von $\mathcal{B}$, der relativ zu $\mathcal{B}'$ bewegt ist, ist kürzer als der ruhende Maßstab von $\mathcal{B}'$.

Abb. 12.2 zeigt die Wechselseitigkeit der Lorentz-Kontraktion in einem einzigen Bild. Auch hier wurde, wie bei Abb. 8.4, zur Betonung der Geometrie auf die Beschriftung verzichtet.

Die Additionsformel für Geschwindigkeiten

13

In Kap. 1 wurde das Beispiel eines im Speisewagen eines fahrenden Zuges sitzenden Passagiers angegeben, der auf seinem Tisch eine Kugel in Bewegungsrichtung des Zuges rollen lässt. Ein weiterer Beobachter, der diesen Zug vorüberfahren sieht, misst eine höhere Geschwindigkeit der Kugel als der Beobachter im Speisewagen. Aber welchen Wert hat diese Geschwindigkeit? Die Antwort der klassischen Physik lautet: Geschwindigkeit der Kugel relativ zum Speisewagen plus Geschwindigkeit des Zuges relativ zum Bahnsteig. Dies würde jedoch Relativbewegungen mit Überlichtgeschwindigkeit zulassen, denn wird für beide Geschwindigkeiten 3/4 der Lichtgeschwindigkeit angenommen, dann ergäbe sich als Geschwindigkeit der Kugel relativ zum Bahnsteig das 1,5-fache der Lichtgeschwindigkeit. In diesem Kapitel wird besprochen, wie sich Geschwindigkeiten unter Berücksichtigung der Relativitätstheorie addieren.

Additionsformel für Geschwindigkeiten mithilfe von k-Faktoren

Wir betrachten drei Beobachter $\mathcal{B}_1$, $\mathcal{B}_2$ und $\mathcal{B}_3$, die ihre Uhren im Ereignis O, in dem sie sich passieren, auf null stellen. Dann gilt mit entsprechenden k-Faktoren

$$t_2 = k_{21}t_1, \quad t_3 = k_{32}t_2, \quad t_3 = k_{31}t_1,$$

siehe Abb. 13.1. Daraus folgt

$$k_{31}t_1 = t_3 = k_{32}k_{21}t_1,$$

J. Kremer, *Spezielle Relativitätstheorie,* essentials, https://doi.org/10.1007/978-3-662-65926-7_13

Abb. 13.1 Zur
relativistischen
Additionsformel für
Geschwindigkeiten

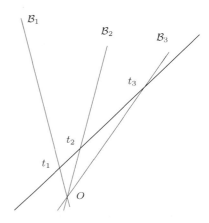

also

$$k_{31} = k_{32}k_{21}.$$

Bezeichnen wir mit v_{ij} die Relativgeschwindigkeit von Beobachter i relativ zu Beobachter j, dann folgt mit (7.3)

$$\frac{c + v_{31}}{c - v_{31}} = \frac{c + v_{32}}{c - v_{32}}\frac{c + v_{21}}{c - v_{21}}.$$

Mit $e = v_{31}/c$, $f = v_{32}/c$ und $g = v_{21}/c$ schreiben wir dies als

$$\frac{1 + e}{1 - e} = \frac{1 + f}{1 - f}\frac{1 + g}{1 - g}$$

und erhalten nach Umstellung

$$e = \frac{f + g}{1 + fg}$$

bzw.

$$v_{31} = \frac{v_{32} + v_{21}}{1 + \frac{v_{32}v_{21}}{c^2}}. \tag{13.1}$$

(13.1) ist die relativistische **Additionsformel für Geschwindigkeiten**.

Offenbar gilt für $|v_{32}/c| \ll 1$ und $|v_{21}/c| \ll 1$ in sehr guter Näherung $v_{31} = v_{32} + v_{21}$, also die klassische Formel.

Weiter gilt für die relativistische Summe w zweier Geschwindigkeiten u und v mit $|u| < c$ und $|v| < c$ stets $|w| = \left| \frac{u+v}{1+\frac{uv}{c^2}} \right| < c$, denn aus

$$0 < (c - u)(c - v) = c^2 - c(u + v) + uv \leq c^2 - c(u + v) + |uv|$$
$$\Leftrightarrow u + v < c\left(1 + |uv|/c^2\right)$$

und

$$0 < (c + u)(c + v) = c^2 + c(u + v) + uv \leq c^2 + c(u + v) + |uv|$$
$$\Leftrightarrow -(u + v) < c\left(1 + |uv|/c^2\right)$$

folgt

$$|u + v| < c\left(1 + |uv|/c^2\right).$$

Für u = c und für alle $-c < v \leq c$ liefert (13.1) dagegen

$$\frac{u + v}{1 + \frac{uv}{c^2}} = \frac{c + v}{1 + \frac{v}{c}} = c\frac{c + v}{c + v} = c.$$

Die Zusammensetzung von Lorentz-Transformationen

Wir können die Additionsformel für Geschwindigkeiten auch aus einer anderen Perspektive ableiten. Angenommen, $\mathcal{B}$, $\mathcal{B}'$ und $\mathcal{B}''$ sind Beobachter, die sich entlang einer Geraden mit konstanter Geschwindigkeit bewegen und die sich in einem Ereignis E passieren. Dann stehen ihre jeweiligen inertialen Koordinatensysteme durch

$$\begin{pmatrix} ct' \\ x' \end{pmatrix} = \gamma(u) \begin{pmatrix} 1 & u/c \\ u/c & 1 \end{pmatrix} \begin{pmatrix} ct \\ x \end{pmatrix} = L_u \begin{pmatrix} ct \\ x \end{pmatrix}$$

$$\begin{pmatrix} ct'' \\ x'' \end{pmatrix} = \gamma(v) \begin{pmatrix} 1 & v/c \\ v/c & 1 \end{pmatrix} \begin{pmatrix} ct' \\ x' \end{pmatrix} = L_v \begin{pmatrix} ct' \\ x' \end{pmatrix}$$

$$\begin{pmatrix} ct'' \\ x'' \end{pmatrix} = \gamma(w) \begin{pmatrix} 1 & w/c \\ w/c & 1 \end{pmatrix} \begin{pmatrix} ct \\ x \end{pmatrix} = L_w \begin{pmatrix} ct \\ x \end{pmatrix}$$

miteinander in Beziehung, wobei u die Geschwindigkeit von $\mathcal{B}$ relativ zu $\mathcal{B}'$ bezeichnet, v die Geschwindigkeit von $\mathcal{B}'$ relativ zu $\mathcal{B}''$ und w die Geschwindigkeit von $\mathcal{B}$ relativ zu $\mathcal{B}''$. Daher folgt

$$\begin{pmatrix} ct'' \\ x'' \end{pmatrix} = L_w \begin{pmatrix} ct \\ x \end{pmatrix} = L_v L_u \begin{pmatrix} ct \\ x \end{pmatrix},$$

also

$$\gamma(w) \begin{pmatrix} 1 & w/c \\ w/c & 1 \end{pmatrix} = \gamma(u)\gamma(v) \begin{pmatrix} 1 & v/c \\ v/c & 1 \end{pmatrix} \begin{pmatrix} 1 & u/c \\ u/c & 1 \end{pmatrix}$$

$$= \gamma(u)\gamma(v) \begin{pmatrix} 1 + \frac{uv}{c^2} & (u+v)/c \\ (u+v)/c & 1 + \frac{uv}{c^2} \end{pmatrix}$$

$$= \gamma(u)\gamma(v)\left(1 + \frac{uv}{c^2}\right) \begin{pmatrix} 1 & \frac{(u+v)/c}{1+\frac{uv}{c^2}} \\ \frac{(u+v)/c}{1+\frac{uv}{c^2}} & 1 \end{pmatrix}$$

und daher (13.1),

$$w = \frac{u+v}{1 + \frac{uv}{c^2}}, \tag{13.2}$$

sowie

$$\gamma(w) = \gamma(u)\gamma(v)\left(1 + \frac{uv}{c^2}\right). \tag{13.3}$$

Wir prüfen, dass das w in (13.3) durch (13.2) gegeben ist. Zunächst gilt nach Definition von γ

$$1 = \gamma^2(w)\left(1 - \frac{w^2}{c^2}\right),$$

also

$$\frac{w^2}{c^2} = \frac{\gamma^2(w) - 1}{\gamma^2(w)}.$$

Nun berechnen wir mit $a = \frac{u}{c}$ und $b = \frac{v}{c}$ unter Verwendung von (13.3)

$$\frac{w^2}{c^2} = \frac{\gamma^2(w) - 1}{\gamma^2(w)}$$

$$= \frac{\left(1-a^2\right)\left(1-b^2\right)\left(\frac{(1+ab)^2}{(1-a^2)(1-b^2)} - 1\right)}{(1+ab)^2}$$

$$= \frac{(1+ab)^2 - (1-a^2)(1-b^2)}{(1+ab)^2}$$

$$= \frac{2ab + a^2 + b^2}{(1+ab)^2}$$

$$= \left(\frac{a+b}{1+ab}\right)^2,$$

und wir erhalten (13.2), was zu zeigen war.

Eine weitere Alternative zur Herleitung der Additionsformel

Angenommen, $\mathcal{B}'$ bewegt sich mit Geschwindigkeit v relativ zu $\mathcal{B}$. Betrachten Sie ein nicht-beschleunigtes Teilchen, das sich mit Geschwindigkeit u relativ zu $\mathcal{B}'$ bewegt, sodass $x' = ut' + a'$ für eine Konstante a' gilt. Für die Koordinaten t, x des Teilchens relativ zu $\mathcal{B}$ gilt dann

$$\begin{pmatrix} ct \\ x \end{pmatrix} = \gamma(v) \begin{pmatrix} 1 & v/c \\ v/c & 1 \end{pmatrix} \begin{pmatrix} ct' \\ ut' + a' \end{pmatrix}.$$

Das bedeutet

$$t = \gamma(v)\left(1 + \frac{uv}{c^2}\right)t' + \gamma(v)\frac{va'}{c^2}, \quad x = \gamma(v)(u+v)t' + \gamma(v)a'$$

und damit

$$x = \frac{u+v}{1 + \frac{uv}{c^2}}\left(t - \gamma(v)\frac{va'}{c^2}\right) + \gamma(v)a'.$$

Daher ist die Geschwindigkeit w des Teilchens relativ zu $\mathcal{B}$ gegeben durch

$$w = \frac{dx}{dt} = \frac{u+v}{1 + \frac{uv}{c^2}},$$

und wir erhalten wiederum die relativistische Additionsformel für Geschwindigkeiten (13.1).

Beispiel

1. Angenommen, $\mathcal{B}'$ bewegt sich mit $v = c/2$ relativ zu $\mathcal{B}$ in positive x-Richtung und $\mathcal{B}''$ bewegt sich mit $u = c/2$ in positive x'-Richtung. Mit welcher Geschwindigkeit w bewegt sich $\mathcal{B}''$ relativ zu $\mathcal{B}$? Nach der Additionsformel gilt

$$w = \frac{u + v}{1 + \frac{uv}{c^2}} = \frac{c}{1 + \frac{1}{4}} = \frac{4}{5}c.$$

   $\mathcal{B}''$ bewegt sich also mit vier Fünftel der Lichtgeschwindigkeit relativ zu $\mathcal{B}$, während die klassische Physik den Wert $u + v = c/2 + c/2 = c$ liefert.

2. Wir betrachten das Beispiel aus Kap. 1. Angenommen, der Fahrgast im Speisewagen des Zuges lässt die Kugel mit der Geschwindigkeit $v = 1\,\mathrm{m/s}$ in Bewegungsrichtung des Zuges rollen, und der Beobachter auf dem Bahnsteig sieht den Zug mit $u = 100\,\mathrm{km/h}$ an sich vorüberfahren. Welche Geschwindigkeit besitzt die Kugel für den Beobachter? Nach der Additionsformel gilt mit $c = 299\,792,45\,\mathrm{km/s}$

$$w = \frac{u + v}{1 + \frac{uv}{c^2}} = 28{,}77777777777771\,\mathrm{m/s}.$$

Die klassische Rechnung liefert den Wert

$$u + v = 28{,}777777777779\,\mathrm{m/s}. \qquad \triangle$$

Die vierdimensionalen Lorentz-Transformationen

14

Im Folgenden werden Bewegungen durch den Raum zugelassen. Die betrachteten Beobachter sind weiterhin inertial und bewegen sich daher geradlinig und rotationsfrei mit konstanter Geschwindigkeit, aber sie müssen sich nicht mehr entlang derselben Geraden bewegen. Um die Koordinaten von Ereignissen, die sich irgendwo im Raum ereignen, zu definieren, benötigt ein Beobachter zusätzlich zu einer Uhr eine Vorrichtung, mit der er die Richtung bestimmen kann, aus der Lichtsignale eintreffen. Dann kann er einem Ereignis Polarkoordinaten zuweisen: Der Abstand r von seinem Ort und die Zeit des Ereignisses werden mithilfe der Radar-Methode definiert. Die beiden polaren Winkelkoordinaten θ und φ sind durch die Richtung des zurückkehrenden Lichtsignals bestimmt. Der Beobachter gewinnt die kartesischen Koordinaten x, y, z des Ereignisses mithilfe der Standard-Transformationen

$$x = r \sin\theta \cos\varphi, \quad y = r \sin\theta \sin\varphi, \quad z = r \cos\theta.$$

Das Ergebnis ist ein **inertiales Bezugssystem** oder ein **Inertialsystem** t, x, y, z für die Raumzeit, in dem die Weltlinie des Beobachters durch die Koordinaten $x = y = z = 0$ gegeben ist.

Betrachten Sie zwei Ereignisse E_1 und E_2 mit Koordinaten t_1, x_1, y_1, z_1 und t_2, x_2, y_2, z_2 im Koordinatensystem eines Beobachters $\mathcal{B}$ und mit Koordinaten t_1', x_1', y_1', z_1' und t_2', x_2', y_2', z_2' bezüglich eines Beobachters $\mathcal{B}'$.

Die beiden Ereignisse liegen genau dann auf der Weltlinie eines Lichtsignals, wenn

$$c^2 (t_2 - t_1)^2 - (x_2 - x_1)^2 - (y_2 - y_1)^2 - (z_2 - z_1)^2 = 0 \qquad (14.1)$$

gilt, denn dies stimmt mit der Bedingung $D = cT$ überein, wobei

© Der/die Autor(en), exklusiv lizenziert an Springer-Verlag GmbH, DE, ein Teil von Springer Nature 2022
J. Kremer, *Spezielle Relativitätstheorie*, essentials,
https://doi.org/10.1007/978-3-662-65926-7_14

$$D = \sqrt{(x_2 - x_1)^2 + (y_2 - y_1)^2 + (z_2 - z_1)^2}$$

der Abstand und $T = |t_2 - t_1|$ die Zeitdifferenz zwischen ihnen ist. Wird eine Raumdimension unterdrückt und (14.1) mit $t = t_2 - t_1$, $x = x_2 - x_1$ und $y = y_2 - y_1$ geschrieben als

$$c^2 t^2 - x^2 - y^2 = 0,$$

dann entsprechen die Lösungen dieser Gleichung einem Kegel, der **Lichtkegel** genannt wird, siehe Abb. 14.1.

Nun ist die Aussage „Zwei Ereignisse liegen auf der Weltlinie eines Lichtsignals" unabhängig von der Wahl eines Koordinatensystems für die Raumzeit. Wenn also $D = cT$ bezüglich eines Beobachters gilt, dann muss dies auch bezüglich des anderen gelten. Deshalb gilt (14.1) genau dann, wenn

$$c^2 \left(t_2' - t_1'\right)^2 - \left(x_2' - x_1'\right)^2 - \left(y_2' - y_1'\right)^2 - \left(z_2' - z_1'\right)^2 = 0 \qquad (14.2)$$

gilt. Wird

$$X = \begin{pmatrix} ct_2 \\ x_2 \\ y_2 \\ z_2 \end{pmatrix} - \begin{pmatrix} ct_1 \\ x_1 \\ y_1 \\ z_1 \end{pmatrix}, \quad X' = \begin{pmatrix} ct_2' \\ x_2' \\ y_2' \\ z_2' \end{pmatrix} - \begin{pmatrix} ct_1' \\ x_1' \\ y_1' \\ z_1' \end{pmatrix}$$

sowie die 4 × 4-Matrix

Abb. 14.1 Der Lichtkegel
für $t \geq 0$

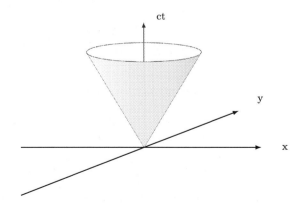

$$g = \begin{pmatrix} 1 & 0 & 0 & 0 \\ 0 & -1 & 0 & 0 \\ 0 & 0 & -1 & 0 \\ 0 & 0 & 0 & -1 \end{pmatrix} \tag{14.3}$$

definiert, dann können (14.1) und (14.2) geschrieben werden als

$$X^{\mathrm{t}} g X = 0 \quad \text{und} \quad X'^{\mathrm{t}} g X' = 0,$$

wobei „t" die Matrix-Transposition bezeichnet. Da die gesuchte Koordinatentransformation zwischen den gestrichenen und den ungestrichenen Koordinaten Geraden in Geraden überführen muss, muss sie affin linear sein, siehe Rowe [8], d. h., es gilt

$$\begin{pmatrix} ct \\ x \\ y \\ z \end{pmatrix} = L \begin{pmatrix} ct' \\ x' \\ y' \\ z' \end{pmatrix} + C, \tag{14.4}$$

wobei L eine reguläre 4×4-Matrix und C ein konstanter Spaltenvektor ist. Damit folgt

$$X = L X'.$$

Deshalb kann die Äquivalenz von (14.1) und (14.2) wie folgt ausgedrückt werden: Für $X \in \mathbb{R}^4$ (wobei die Striche weggelassen werden) gilt

$$X^{\mathrm{t}} g X = 0 \quad \text{genau dann, wenn} \quad X^{\mathrm{t}} L^{\mathrm{t}} g L X = 0.$$

Daraus folgt

$$g = L^{\mathrm{t}} g L,$$

siehe Woodhouse [11]. Da g^2 die Einheitsmatrix I ist, folgt weiter $I = g^2 = g L^{\mathrm{t}} g L$, also $L^{-1} = g L^{\mathrm{t}} g$.

Definition Eine Transformation L in (14.4) ist eine **Lorentz-Transformation**, wenn

$$L^{-1} = g L^{\mathrm{t}} g \tag{14.5}$$

gilt. Ist L in (14.4) eine Lorentz-Transformation, dann wird (14.4) **inhomogene Lorentz-Transformation** oder **Poincaré-Transformation** genannt.

Beispiel Die **Standard-Lorentz-Transformationen**

$$L = \begin{pmatrix} \gamma & \gamma v/c & 0 & 0 \\ \gamma v/c & \gamma & 0 & 0 \\ 0 & 0 & 1 & 0 \\ 0 & 0 & 0 & 1 \end{pmatrix}$$

mit $\gamma = \gamma(v)$ und die räumlichen **Drehungen**

$$L = \begin{pmatrix} 1 & 0 \\ 0 & R \end{pmatrix},$$

wobei R eine 3×3-Matrix mit $R^{\mathrm{t}} R = I$ und $\det R = 1$ ist, erfüllen (14.5), sind also Lorentz-Transformationen.   △

Vierervektoren

Definition Ein **Vierervektor** X ist ein Objekt, dem in jedem Inertialsystem ein Element (X^0, X^1, X^2, X^3) des $\mathbb{R}^4$ zugeordnet wird. Die X^a ($a = 0, 1, 2, 3$) werden die **Komponenten** von X genannt. Sie müssen die Eigenschaft besitzen, dass dann, wenn zwei Inertialsysteme über eine inhomogene Lorentz-Transformation (14.4) miteinander zusammenhängen, die Komponenten X^a im ersten (ungestrichenen) System mit den Komponenten X'^a im zweiten (gestrichenen) in Beziehung stehen durch

$$\begin{pmatrix} X^0 \\ X^1 \\ X^2 \\ X^3 \end{pmatrix} = L \begin{pmatrix} X'^0 \\ X'^1 \\ X'^2 \\ X'^3 \end{pmatrix}. \tag{14.6}$$

Ein wichtiges Beispiel ist der **Verschiebungsvektor** X von einem Ereignis E_1 zu einem Ereignis E_2. Haben die beiden Ereignisse in einem Inertialsystem jeweils die Koordinaten t_1, x_1, y_1, z_1 und t_2, x_2, y_2, z_2, dann hat der Verschiebungsvektor X von E_1 nach E_2 die Komponenten

$$X^0 = ct_2 - ct_1, \quad X^1 = x_2 - x_1, \quad X^2 = y_2 - y_1, \quad X^3 = z_2 - z_1.$$

Unter der inhomogenen Lorentz-Transformation

$$\begin{pmatrix} ct \\ x \\ y \\ z \end{pmatrix} = L \begin{pmatrix} ct' \\ x' \\ y' \\ z' \end{pmatrix} + C \qquad (14.7)$$

transformieren sich die X^a gemäß (14.6), wobei nun gilt $X'^0 = ct'_2 - ct'_1$, usw. Somit besitzen die Komponenten die Transformationseigenschaft eines Vierervektors.
Wir schreiben

$$X = \left(X^0, \ X^1, \ X^2, \ X^3 \right)$$

und sagen: X hat die Komponenten X^0, X^1, X^2, X^3 im zugrundegelegten Inertialsystem. Wir schreiben auch

$$X = (\xi, \ \boldsymbol{x})$$

und sagen: X hat den **zeitlichen Anteil** ξ und den **räumlichen Anteil** $\boldsymbol{x}$ relativ zum gewählten Inertialsystem.

Das innere Produkt

Definition Das **innere Produkt** $g\,(X,\ Y)$ zweier Vierervektoren X und Y ist definiert als die reelle Zahl

$$g\,(X,\ Y) = X^0 Y^0 - X^1 Y^1 - X^2 Y^2 - X^3 Y^3,$$

wobei X^a, Y^a, $a = 0,\ 1,\ 2,\ 3$, die Komponenten von X und Y in einem Inertialsystem sind. Die Menge der Vierervektoren der Raumzeit zusammen mit dem inneren Produkt g wird **Minkowski-Raum** genannt.

Satz *Das innere Produkt $g\,(X,\ Y)$ zweier Vierervektoren X und Y ist unabhängig von der Wahl des Inertialsystems.*

Beweis Es gilt

$$g\,(X,\ Y) = \left(X^0,\ X^1,\ X^2,\ X^3 \right) g \begin{pmatrix} Y^0 \\ Y^1 \\ Y^2 \\ Y^3 \end{pmatrix}, \qquad (14.8)$$

wobei g die in (14.3) definierte Diagonalmatrix bezeichnet. Werden die Komponenten von X und Y mithilfe von (14.6) in einem zweiten, mit gestrichenen Koordinaten bezeichnetem Inertialsystem ausgedrückt, dann lautet die rechte Seite von (14.8)

$$\left(X'^0,\ X'^1,\ X'^2,\ X'^3\right) L^t g L \begin{pmatrix} Y'^0 \\ Y'^1 \\ Y'^2 \\ Y'^3 \end{pmatrix} = \left(X'^0,\ X'^1,\ X'^2,\ X'^3\right) g \begin{pmatrix} Y'^0 \\ Y'^1 \\ Y'^2 \\ Y'^3 \end{pmatrix},$$

denn es gilt $L^t g L = g$. Also besitzt $g\,(X,\ Y)$ im jedem Koordinatensystem denselben Wert, was zu zeigen war. □

Das innere Produkt ist eine symmetrische Bilinearform auf dem Raum der Vierervektoren. Das heißt, es gilt $g\,(X,\ Y) = g\,(Y,\ X)$ und $g\,(\lambda X + \mu Y,\ Z) = \lambda g\,(X,\ Z) + \mu g\,(Y,\ Z)$ für alle Vierervektoren X, Y, Z und für alle Zahlen λ und μ. Allerdings gilt

$$g\,(X,\ X) = \xi^2 - \boldsymbol{x} \cdot \boldsymbol{x},$$

wobei ξ der zeitliche und $\boldsymbol{x}$ der räumliche Anteil von X ist. Daher kann $g\,(X,\ X)$ positiv oder negativ sein, je nachdem, ob $\xi > |\boldsymbol{x}|$ oder $\xi < |\boldsymbol{x}|$ gilt, und es kann sogar dann null sein, wenn $X \neq 0$ ist.

Wir betrachten die Weltlinie eines nicht-beschleunigten Teilchens, die als Gerade in der Raumzeit veranschaulicht werden kann. Die Ereignisse auf dieser Weltlinie lassen sich durch die Zeit τ charakterisieren, die eine Uhr anzeigt, die vom Teilchen mitgeführt wird. Diese Zeit τ kann daher verwendet werden, um die Weltlinie zu parametrisieren. Die Zeit τ ist auch die Zeitkoordinate in einem Inertialsystem, das von einem Beobachter aufgesetzt wird, der sich mit dem Teilchen mitbewegt und relativ zu dem sich das Teilchen in Ruhe befindet.

Definition Die **Eigenzeit** entlang der Weltlinie eines geradlinig gleichförmig bewegten Teilchens ist die Zeit, die in einem Inertialsystem gemessen wird, relativ zu dem sich das Teilchen in Ruhe befindet.

Die Eigenzeit ist bis auf eine additive Konstante festgelegt, wobei diese Konstante durch das Ereignis bestimmt ist, dem die Zeit $\tau = 0$ zugeordnet wird.

Befindet sich das Teilchen bezüglich eines Inertialsystems $\tilde{t}$, $\tilde{x}$, $\tilde{y}$, $\tilde{z}$ in Ruhe, dann ist seine Weltlinie gegeben durch $\tilde{t} = \tau$ und $\tilde{x}$, $\tilde{y}$, $\tilde{z}$ konstant. Ist t, x, y, z ein weiteres Inertialsystem, das mit $\tilde{t}$, $\tilde{x}$, $\tilde{y}$, $\tilde{z}$ durch eine Lorentz-Transformation

$$L = \begin{pmatrix} L^0{}_0 & L^0{}_1 & L^0{}_2 & L^0{}_3 \\ L^1{}_0 & L^1{}_1 & L^1{}_2 & L^1{}_3 \\ L^2{}_0 & L^2{}_1 & L^2{}_2 & L^2{}_3 \\ L^3{}_0 & L^3{}_1 & L^3{}_2 & L^3{}_3 \end{pmatrix}$$

zur Geschwindigkeit v in Beziehung steht, dann gilt

$$ct = cL^0{}_0\tau + L^0{}_1\tilde{x} + L^0{}_2\tilde{y} + L^0{}_3\tilde{z},$$

J. Kremer, *Spezielle Relativitätstheorie*, essentials,
https://doi.org/10.1007/978-3-662-65926-7_15

also
$$t = L^0{}_0 \tau + \text{Konstante}$$

entlang der Weltlinie des Teilchens. Durch eine geeignete Translation des Inertialsystems mit den Tilde-Koordinaten lässt sich erreichen, dass sich das Teilchen auf direktem Weg vom Beobachter mit den ungestrichenen Koordinaten entfernt. Da die Zeitkoordinate durch Rotationen oder Translationen aufgrund des Relativitätsprinzips nicht verändert wird, folgt, dass nach Kap. 7 zur Zeitdilatation gilt

$$t = \gamma(v)\,\tau + \text{Konstante},$$

wobei v den Betrag der Geschwindigkeit des Teilchens bezeichnet. Es gilt daher $L^0{}_0 = \gamma(v)$ und
$$\frac{dt}{d\tau} = \gamma(v) = \frac{1}{\sqrt{1 - v^2/c^2}}.$$

Wenn zwei Ereignisse auf der Weltlinie des Teilchens durch eine Eigenzeit von einer Stunde voneinander entfernt sind, dann sind sie $t = \gamma(v) > 1$ Stunden in einem Koordinatensystem voneinander entfernt, relativ zu dem sich das Teilchen bewegt.

Die Vierergeschwindigkeit

Wird die Eigenzeit für die Parametrisierung der Weltlinie eines Teilchens verwendet, dann sind die Koordinaten des Teilchens relativ zu einem gewählten Inertialsystem Funktionen der Eigenzeit τ, siehe Abb. 15.1. Definieren wir

$$V^0 = c\frac{dt}{d\tau}, \quad V^1 = \frac{dx}{d\tau}, \quad V^2 = \frac{dy}{d\tau}, \quad V^3 = \frac{dz}{d\tau},$$

dann gilt:

Satz *Die V^a sind die Komponenten eines Vierervektors.*

Beweis Es ist zu zeigen, dass sich die Komponenten bei einem Koordinatenwechsel richtig transformieren. Angenommen, t', x', y', z' ist ein zweites Inertialsystem, das zu t, x, y, z über eine inhomogene Lorentz-Transformation

$$\begin{pmatrix} ct \\ x \\ y \\ z \end{pmatrix} = L \begin{pmatrix} ct' \\ x' \\ y' \\ z' \end{pmatrix} + C$$

in Beziehung steht. Differenzieren wir beide Seiten bezüglich τ, dann folgt

$$\begin{pmatrix} V^0 \\ V^1 \\ V^2 \\ V^3 \end{pmatrix} = L \begin{pmatrix} V'^0 \\ V'^1 \\ V'^2 \\ V'^3 \end{pmatrix},$$

wobei $V'^0 = c\, dt'/d\tau$ usw. Dies ist die Transformationsregel für Vierervektoren. $\square$

Definition Der Vierervektor V mit den Komponenten (V^0, V^1, V^2, V^3) wird als **Vierergeschwindigkeit** des Teilchens bezeichnet.

Angenommen, ein Teilchen hat die Geschwindigkeit $\boldsymbol{v}$ relativ zu einem Inertialsystem $\mathcal{B}$ mit den Koordinaten t, x, y, z. Dann gilt $dt/d\tau = \gamma(v)$ mit $v = |\boldsymbol{v}|$ sowie

$$\frac{dx}{d\tau} = \frac{dt}{d\tau}\frac{dx}{dt} = \gamma(v)\, v_1.$$

Analog berechnen wir $dy/d\tau = \gamma(v)\, v_2$ und $dz/d\tau = \gamma(v)\, v_3$, wobei v_1, v_2, v_3 die Komponenten von $\boldsymbol{v}$ bezeichnen. Damit lauten die Komponenten des Vierervektors V

$$(V^0, V^1, V^2, V^3) = \gamma(v)\,(c, v_1, v_2, v_3).$$

Der Vierervektor V lässt sich also durch

$$V = \gamma(v)\,(c, \boldsymbol{v}) \tag{15.1}$$

in zeitliche und räumliche Anteile zerlegen. Bezeichnet $X(\tau)$ den vom Ursprung O des Inertialsystems ausgehenden Verschiebungsvierervektor zu den mithilfe der Eigenzeit τ parametrisierten Ereignissen der Weltlinie des Teilchens, dann gilt

$$\frac{dX}{d\tau} = V.$$

Abb. 15.1 Der
Verschiebungsvektor
$\Delta X = \Delta \tau V$ von E_1 nach
E_2

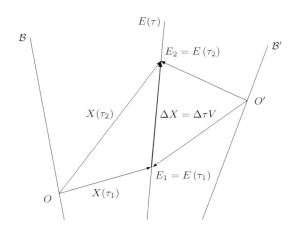

Da sich das Teilchen geradlinig mit konstanter Geschwindigkeit bewegt, sind die
Komponenten von V konstant. Wir können daher integrieren und erhalten

$$X(\tau) = \tau V + K,$$

wobei K ein konstanter Vierervektor ist. Wenn also $E_1 = E(\tau_1)$ und $E_2 = E(\tau_2)$
zwei Ereignisse auf der Weltlinie des Teilchens sind, wobei sich E_2 nach E_1 ereignet,
dann lautet der Verschiebungsvektor $\Delta X = X(\tau_2) - X(\tau_1)$ von E_1 nach E_2 gerade
$\Delta X = \Delta \tau V$, wenn $\Delta \tau = \tau_2 - \tau_1$ die Differenz der Eigenzeiten zwischen E_1 und
E_2 bezeichnet, siehe Abb. 15.1.

Satz *Sei V die Vierergeschwindigkeit eines Teilchens, dann gilt $g(V, V) = c^2$.*

Beweis Wir geben zwei Beweise. Zunächst gilt in einem Inertialsystem, in dem sich
das Teilchen in Ruhe befindet, $V^0 = c$, $V^1 = V^2 = V^3 = 0$, sodass

$$g(V, V) = \left(V^0\right)^2 - \left(V^1\right)^2 - \left(V^2\right)^2 - \left(V^3\right)^2 = c^2. \tag{15.2}$$

Aber $g(V, V)$ ist invariant unter Lorentz-Transformationen. Daher ist (15.2) in
jedem Inertialsystem gültig.

Alternativ gilt in einem beliebigen Inertialsystem mithilfe von (15.1)

$$g\,(V,\ V) = \left(V^0\right)^2 - \left(V^1\right)^2 - \left(V^2\right)^2 - \left(V^3\right)^2$$
$$= \gamma^2\,(v)\left(c^2 - \boldsymbol{v}\cdot\boldsymbol{v}\right)$$
$$= c^2.$$

$\square$

Das innere Produkt $g\,(V,\ V)$ der Vierergeschwindigkeit V eines Teilchens mit sich selbst besitzt in jedem Bezugssystem den Wert c^2. Insbesondere hängt $g\,(V,\ V)$ nicht von der Geschwindigkeit $\boldsymbol{v}$ des Teilchens relativ zum zugrundegelegten Bezugssystem ab.

Betrachten wir erneut den Verschiebungsvektor $\Delta X = \Delta\tau V$ von E_1 nach E_2 in Abb. 15.1, dann gilt in jedem Inertialsystem $g\,(\Delta X,\ \Delta X) = \Delta\tau^2 g\,(V,\ V) = \Delta\tau^2 c^2$, also

$$|\Delta\tau| = \frac{\sqrt{g\,(\Delta X,\ \Delta X)}}{c}. \tag{15.3}$$

Die Größe $\sqrt{g\,(\Delta X,\ \Delta X)}/c$ gibt also unabhängig vom zugrundeliegenden Inertialsystem die betragsmäßige Zeitdifferenz der Ereignisse E_1 und E_2 auf der Weltlinie des Teilchens an, die von einer Uhr gemessen würde, welche das Teilchen mit sich führt.

Die Äquivalenz von Masse und Energie 16

In der Newtonschen Mechanik wird das Verhalten von Teilchen bei Stoßprozessen durch drei Gesetze bestimmt.

Erhaltung der Masse

Lauten die Massen der einlaufenden Teilchen $m_1, \ldots, m_k$ und die der auslaufenden Teilchen $m_{k+1}, \ldots, m_n$, dann gilt

$$\sum_{i=1}^{k} m_i = \sum_{i=k+1}^{n} m_i,$$

wobei die Anzahl k der einlaufenden Teilchen aufgrund von Zerfallsprozessen und Verschmelzungen nicht mit der Anzahl $n - k$ der auslaufenden Teilchen übereinstimmen muss.

Erhaltung des Impulses

Betragen die Geschwindigkeiten der einlaufenden Teilchen $\boldsymbol{v}_1, \ldots, \boldsymbol{v}_k$ und die der auslaufenden $\boldsymbol{v}_{k+1}, \ldots, \boldsymbol{v}_n$, dann gilt

$$\sum_{i=1}^{k} m_i \boldsymbol{v}_i = \sum_{i=k+1}^{n} m_i \boldsymbol{v}_i.$$

Dabei bezeichnet $m_i \boldsymbol{v}_i$ den Impuls des i-ten Teilchens.

© Der/die Autor(en), exklusiv lizenziert an Springer-Verlag GmbH, DE, ein Teil von Springer Nature 2022
J. Kremer, *Spezielle Relativitätstheorie,* essentials,
https://doi.org/10.1007/978-3-662-65926-7_16

Erhaltung der Energie

Hier ist zu berücksichtigen, dass Streuungen die Umwandlung von kinetischer Energie in innere Energie beinhalten können. Die Energie bleibt erhalten, nicht aber notwendigerweise die kinetische Energie, da es im Allgemeinen einen Austausch zwischen verschiedenen Energieformen gibt – es sei denn, die Streuung ist elastisch. Bei einer inelastischen Streuung wird kinetische Energie $\frac{1}{2} m_i \boldsymbol{v}_i \cdot \boldsymbol{v}_i$ in Wärme umgewandelt, bei einer Explosion wird chemische Energie als kinetische Energie der Bruchstücke freigesetzt. Bezeichnen wir die gesamte innere Energie der einlaufenden Teilchen mit E_e und die der auslaufenden Teilchen mit E_a, dann gilt

$$E_e + \sum_{i=1}^{k} \tfrac{1}{2} m_i \boldsymbol{v}_i \cdot \boldsymbol{v}_i = E_a + \sum_{i=k+1}^{n} \tfrac{1}{2} m_i \boldsymbol{v}_i \cdot \boldsymbol{v}_i.$$

Der Punkt · bezeichnet das euklidische Skalarprodukt.

Die Definition der Ruhemasse

Die Newtonschen Erhaltungssätze gelten mit großer Genauigkeit für Stoßprozesse, bei denen die Geschwindigkeiten der beteiligten Teilchen klein gegenüber der Lichtgeschwindigkeit sind. Bei gegebener Testmasse kann ein Beobachter daher die Masse eines beliebigen anderen Teilchens messen, indem er es mit der Testmasse mit geringen Geschwindigkeiten kollidieren lässt, die resultierenden Geschwindigkeiten misst und die klassischen Erhaltungssätze anwendet.

Definition Die **Ruhemasse** eines Teilchens ist diejenige Masse, die durch Stöße mit geringen Geschwindigkeiten in einem Inertialsystem gemessen wird, in dem das Teilchen vor dem Stoß in Ruhe ist.

Beispiel Ein Teilchen mit Testmasse m bewege sich mit Geschwindigkeit u auf ein ruhendes Teilchen mit unbekannter Masse M zu. Der Stoß sei zentral, sodass sich die Teilchen vor und nach dem Stoß auf derselben Geraden bewegen. Dann folgt aus dem Impulserhaltungssatz

$$mu = mv + Mw.$$

Dabei bezeichnet v die Geschwindigkeit der Testmasse nach dem Stoß und $w \neq 0$ die Geschwindigkeit der zu messenden Masse M nach dem Stoß. Werden v und w gemessen, dann folgt für M der Wert

$$M = \frac{m\,(u - v)}{w}.$$ △

Die Erhaltung des Viererimpulses

Jedes an einem Stoßprozess beteiligte Teilchen besitzt eine Ruhemasse m (ein Skalar) und eine Vierergeschwindigkeit V (ein Vierervektor). Der Vierervektor $P = mV$ wird der **Viererimpuls** des Teilchens genannt. Er hat die zeitlichen und räumlichen Anteile

$$P = (m\gamma\,(v)\,c,\; m\gamma\,(v)\,\mathbf{v}),$$

wobei $\mathbf{v}$ die Geschwindigkeit des Teilchens bezeichnet. Für $v \to 0$ gilt $\gamma\,(v) = 1 + O\left(v^2/c^2\right)$ und

$$P = (mc,\; m\mathbf{v}) + O\left(v^2/c^2\right).$$

Wenn also alle Geschwindigkeiten so gering sind, dass die Terme der Ordnung v^2/c^2 vernachlässigt werden können, dann sind die Newtonschen Gesetze der Masse- und Impulserhaltung äquivalent zur Erhaltung der zeitlichen und räumlichen Anteile des Viererimpulses.

Im Rahmen der Relativitätstheorie müssen die Newtonschen Gesetze durch Aussagen ersetzt werden, die mit ihnen übereinstimmen, wenn v^2/c^2 vernachlässigt werden kann, die aber ansonsten mit den Lorentz-Transformationen verträglich sind. Eine sehr naheliegende Möglichkeit besteht in der Annahme der Hypothese, dass der Viererimpuls immer erhalten bleibt.

Der Viererimpuls-Erhaltungssatz

Wenn die betrachteten Teilchen vor den Stoßprozessen die Viererimpulse $P_1, \ldots, P_k$ besitzen und nach den Stoßprozessen die Viererimpulse $P_{k+1}, \ldots, P_n$, dann gilt

$$\sum_{i=1}^{k} P_i = \sum_{i=k+1}^{n} P_i. \tag{16.1}$$

Gl. (16.1) wird die **Erhaltung des Viererimpulses** genannt.

Die Rechtfertigung der Hypothese, dass der Viererimpuls bei Stoßprozessen erhalten bleibt, ist erstens, dass sie für Stöße mit geringen Geschwindigkeiten äquivalent zu den Newtonschen Gesetzen der Erhaltung von Masse und Impuls ist, und zweitens, dass sie als Beziehung zwischen Vierervektoren invariant ist gegenüber Lorentz-Transformationen, und drittens als wichtigste Rechtfertigung, dass sie experimentell bestätigt ist.

Wie auch immer die Geschwindigkeiten der beteiligten Teilchen relativ zu einem Bezugssystem sein mögen, es ist stets möglich, die räumlichen und zeitlichen Anteile von (16.1) zu betrachten, um

$$\sum_{i=1}^{k} m_i \gamma(v_i) = \sum_{i=k+1}^{n} m_i \gamma(v_i)$$

$$\sum_{i=1}^{k} m_i \gamma(v_i)\, \mathbf{v}_i = \sum_{i=k+1}^{n} m_i \gamma(v_i)\, \mathbf{v}_i$$

zu erhalten, wobei die m_i die Ruhemassen der beteiligten Teilchen sind. Diese Beziehungen gehen in die Newtonschen Erhaltungssätze für Masse und Impuls über, wenn $m\gamma(v)$ durch die Ruhemasse m und $m\gamma(v)\,\mathbf{v}$ durch den klassischen Impuls $m\mathbf{v}$ ersetzt wird.

Definition Angenommen, ein Teilchen mit Ruhemasse m hat die Geschwindigkeit $\mathbf{v}$ relativ zu einem Inertialsystem. Die Größen $m_I = m\gamma(v)$ und $\mathbf{p} = m_I \mathbf{v}$ werden **träge Masse** und **Impuls** des Teilchens relativ zu diesem Inertialsystem genannt.

Die Erhaltung des Viererimpulses ist mit diesen Bezeichnungen äquivalent zur Erhaltung der trägen Masse und zur Erhaltung des Impulses, und dies gilt in jedem Inertialsystem. Die Ruhemasse ist ein Skalar, aber die träge Masse hat in verschiedenen Inertialsystemen verschiedene Werte. Insbesondere nimmt die träge Masse eines Teilchens mit seiner Geschwindigkeit zu, wenn auch nur sehr geringfügig, wenn die Geschwindigkeit viel niedriger ist als die des Lichts. Die Ruhemasse und die träge Masse stimmen überein, wenn sich das Teilchen in Ruhe befindet.

Beispiel Ein Teilchen mit Ruhemasse M sei in Ruhe und spalte sich dann in zwei Teilchen auf, jedes mit Ruhemasse m, die sich mit den Geschwindigkeiten $(v, 0, 0)$ und $(-v, 0, 0)$ bewegen. Aufgrund der Erhaltung des Viererimpulses gilt

$$M\,(c,\,0,\,0,\,0) = m\gamma\,(v)\,(c,\,v,\,0,\,0) + m\gamma\,(v)\,(c,\,-v,\,0,\,0)\,.$$

Also folgt $M = 2m\gamma\,(v)$. Wegen $\gamma\,(v) > 1$ folgt $M > 2m$, und offenbar gilt $m \to 0$ für $v \to c$ bei festem M. Im Rahmen des Zerfallsprozesses wird die Ruhemasse M in die Ruhemassen und in die kinetische Energie der Zerfallsprodukte umgesetzt. $\triangle$

Die Äquivalenz von Masse und Energie

Das vorherige Beispiel zeigt, dass der Erhaltungssatz des Viererimpulses impliziert, dass Masse in kinetische Energie umgewandelt werden kann, denn im Rahmen von Stoßprozessen ist es nicht die Ruhemasse, die erhalten bleibt, sondern der zeitliche Anteil

$$P^0 = m\gamma\,(v)\,c$$

des Viererimpulses. Nun gilt

$$\gamma\,(v) = 1 + \frac{v^2}{2c^2} + O\left(v^4/c^4\right).$$

Werden also Terme der Größenordnung v^4/c^4 vernachlässigt, Terme der Größenordnung v^2/c^2 jedoch berücksichtigt, dann folgt

$$P^0 = \frac{1}{c}\left(mc^2 + \frac{1}{2}mv^2\right),$$

wobei m die Ruhemasse bezeichnet. Damit ist cP^0 die Summe aus der Newtonschen kinetischen Energie $\frac{1}{2}mv^2$ und dem viel größeren Term mc^2, der ebenfalls die Dimension der Energie besitzt.

Definition   Ein Teilchen habe Ruhemasse m. Die Größe

$$cP^0 = m_I c^2,$$

wobei $m_I = \gamma\,(v)\,m$ die träge Masse des Teilchens ist, wird die **Gesamtenergie** des Teilchens relativ zum betrachteten Inertialsystem genannt und gewöhnlich mit E bezeichnet, sodass

$$E = m_I c^2$$

gilt. Weiter wird mc^2 als **Ruheenergie** des Teilchens bezeichnet und $E_{kin} = (m_I - m) c^2$ wird **kinetische Energie** des Teilchens genannt.

Im Rahmen der Näherung $\gamma(v) \approx 1 + \frac{v^2}{2c^2}$ gilt $E_{kin} \approx \frac{1}{2}mv^2$. Aufgrund der Erhaltung des Viererimpulses bleibt die Gesamtenergie bei Stoßprozessen erhalten. Die Gesamtenergie eines Teilchens ist jedoch abhängig vom betrachteten Inertialsystem. Sie ist unterschiedlich in verschiedenen Inertialsystemen, und der kleinste Wert wird in einem Bezugssystem angenommen, in dem das Teilchen in Ruhe ist, und in diesem stimmt sie mit der Ruheenergie überein. Die Energie eines ruhenden Teilchens ist damit durch die berühmte Formel

$$E = mc^2 \tag{16.2}$$

gegeben. In der klassischen Physik ist die Energie, die in einer gegebenen Masse in Form von Wärme, chemischer oder nuklearer Energie gespeichert werden kann, im Prinzip unbegrenzt. Im Gegensatz dazu sind Masse und Energie in der Speziellen Relativitätstheorie bis auf den Faktor c^2 äquivalent und jede in einem Teilchen gespeicherte Energie trägt zu seiner Masse bei.

Beispiel Wird ein Körper erwärmt, dann nimmt seine Ruhemasse zu, üblicherweise um einen zu vernachlässigenden Betrag. Andererseits ist die maximale Energie, die einem stationären Körper der Ruhemasse m entnommen werden kann, der Wert mc^2. △

Mit $P = mV = (E/c,\ \boldsymbol{p})$ und mit (15.2) folgt die **Energie-Impuls-Beziehung**

$$m^2 c^2 = g(P,\ P) = E^2/c^2 - |\boldsymbol{p}|^2. \tag{16.3}$$

Der Erhaltungssatz des Viererimpulses gilt nicht nur für massebehaftete Teilchen, sondern auch dann, wenn Lichtteilchen, also Photonen, in die Stoßprozesse einbezogen werden. Wird (16.3) auf Photonen angewendet und wird verwendet, dass die Energie eines Photons durch

$$E = h\nu$$

gegeben ist, wobei $h = 6{,}62607015 \times 10^{-34}$ J · s die Planck-Konstante und ν die Frequenz des Photons bezeichnet, dann ist, da Photonen keine Ruhemasse besitzen, der Impuls des Photons gegeben durch

$$p = \frac{h\nu}{c}e,$$

wenn e den Einheitsvektor in Ausbreitungsrichtung des Photons bezeichnet.

Beispiel Bis zur Veröffentlichung der Relativitätstheorie war nicht klar, warum Sonnen strahlen. Die Relation $E = mc^2$ erlaubte es dann endlich, den Energiehaushalt der Sterne zu verstehen und die Sonne sowie die übrigen Sterne als riesige Kernfusionsanlagen zu deuten. Beim Verschmelzen leichter Atomkerne zu schwereren, wie etwa bei der Verschmelzung von Wasserstoffkernen zu Heliumkernen, wird Energie freigesetzt. Ein Heliumkern $^4_2$He, der aus zwei Protonen und zwei Neutronen besteht, ist geringfügig leichter als die Summe seiner Teile, und die Differenz der Massen wird als Strahlungsenergie freigesetzt. Da kleinen Massen aufgrund des Faktors c^2 hohe Energien entsprechen, werden durch die Kernfusionsprozesse in Sternen riesige Mengen an Strahlungsenergie freigesetzt.   △

Überlichtgeschwindigkeit und Kausalität 17

Definition Ein Vierervektor X heißt **zeitartig, lichtartig** oder **raumartig**, wenn jeweils $g(X, X) > 0$, $g(X, X) = 0$ oder $g(X, X) < 0$ gilt. Zwei Vierervektoren X und Y heißen **orthogonal**, wenn $g(X, Y) = 0$ gilt.

Beispiel Die Vierervektoren mit den Komponenten

$$(1, 0, 0, 0), \; (1, 1, 0, 0), \; (0, 1, 0, 0)$$

in einem Inertialsystem sind jeweils zeitartig, lichtartig und raumartig. Beachten Sie, dass ein lichtartiger Vierervektor orthogonal zu sich selbst ist und nicht der Null-Vierervektor sein muss. △

Nach Kap. 14 ist das innere Produkt $g(X, Y)$ zweier Vierervektoren unabhängig vom gewählten Inertialsystem. Damit sind die oben angegebenen Charakterisierungen von Vierervektoren unabhängig vom zugrundeliegenden Bezugssystem.

Ein vom Nullvektor verschiedener Vierervektor, dessen räumlicher Anteil in einem Inertialsystem verschwindet, ist zeitartig. Ein von null verschiedener Vierervektor, dessen zeitlicher Anteil in einem Inertialsystem verschwindet, ist raumartig. Die Umkehrungen dieser Aussagen werden in folgendem Satz formuliert.

Satz *Wenn X zeitartig ist, dann gibt es ein Inertialsystem, in dem $X^1 = X^2 = X^3 = 0$ gilt. Wenn X raumartig ist, dann gibt es ein Inertialsystem, in dem $X^0 = 0$ gilt.*

© Der/die Autor(en), exklusiv lizenziert an Springer-Verlag GmbH, DE, ein Teil von Springer Nature 2022
J. Kremer, *Spezielle Relativitätstheorie,* essentials,
https://doi.org/10.1007/978-3-662-65926-7_17

Beweis Betrachten Sie die Komponenten X^0, X^1, X^2, X^3 von X in einem Inertialsystem. Durch eine Rotation der räumlichen Achsen, die die x-Achse parallel zum räumlichen Anteil von X ausrichtet, kann $X^2 = X^3 = 0$ erreicht werden. Wird X zunächst als zeitartig angenommen, dann wird eine Standard-Lorentz-Transformation

$$\begin{pmatrix} X'^0 \\ X'^1 \end{pmatrix} = \gamma \, (v) \begin{pmatrix} 1 & v/c \\ v/c & 1 \end{pmatrix} \begin{pmatrix} X^0 \\ X^1 \end{pmatrix}.$$

so gewählt, dass $X'^1 = 0$ folgt. Das heißt, v wird so gewählt, dass $|v| < c$ und

$$v X^0 / c + X^1 = 0$$

gilt. Das ist möglich, denn da X zeitartig ist, gilt $\left| X^1 / X^0 \right| < 1$. Wenn X dagegen raumartig ist, dann gilt $\left| X^0 / X^1 \right| < 1$, und entsprechend kann ein $|v| < c$ gefunden werden, sodass $X^0 + v X^1 / c = 0$ gilt. □

Im Falle zeitartiger und lichtartiger Vektoren ist das Vorzeichen von X^0 gegenüber Lorentz-Transformationen invariant.

Satz *Angenommen, $X \neq 0$ ist zeitartig oder lichtartig. Wenn $X^0 > 0$ in einem Inertialsystem gilt, dann gilt dies in jedem Inertialsystem.*

Beweis Durch eine Rotation der räumlichen Achsen, die die x-Achse parallel zum räumlichen Anteil von X ausrichtet, kann $X^2 = X^3 = 0$ erreicht werden. Da weiter Rotationen X^0 nicht verändern, genügt es zu untersuchen, wie sich X^0 unter einer Standard-Lorentz-Transformation verändert. Sei also angenommen, dass

$$\begin{pmatrix} X'^0 \\ X'^1 \end{pmatrix} = \gamma \, (v) \begin{pmatrix} 1 & v/c \\ v/c & 1 \end{pmatrix} \begin{pmatrix} X^0 \\ X^1 \end{pmatrix}$$

gilt. Dann folgt

$$X'^0 = \gamma \, (v) \, X^0 \left(1 + \frac{v}{c} \frac{X^1}{X^0} \right).$$

Wegen $|v/c| < 1$ und $\left| X^1 / X^0 \right| \leq 1$ ist der Ausdruck in den runden Klammern positiv. Also haben X^0 und X'^0, die beide von null verschieden sind, dasselbe Vorzeichen. □

Abb. 17.1 Die Klassifikation der Vierervektoren

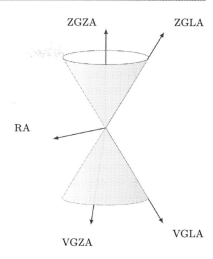

Definition Ein zeitartiger oder lichtartiger Vektor X heißt **zukunftsgerichtet**, wenn $X^0 > 0$ in einem (und damit in jedem) Inertialsystem gilt, und **vergangenheitsgerichtet**, wenn $X^0 < 0$ gilt.

Für raumartige Vektoren kann keine analoge Definition formuliert werden, da das Vorzeichen des zeitlichen Anteils raumartiger Vektoren gegenüber Lorentz-Transformationen nicht invariant ist. Der Raum der Vierervektoren wird in Abb. 17.1 illustriert, wobei die Zeitachse vertikal nach oben gerichtet ist, eine räumliche Dimension unterdrückt wurde und wobei „ZGZA" „zukunftsgerichtet zeitartig" bedeutet, usw. Die lichtartigen Vektoren liegen auf dem Kegelmantel

$$\left(X^0\right)^2 - \left(X^1\right)^2 - \left(X^2\right)^2 - \left(X^3\right)^2 = 0.$$

Die kausale Struktur des Minkowski-Raums

Im Falle von Verschiebungsvektoren hat die Klassifikation von Vierervektoren eine unmittelbare Interpretation hinsichtlich einer kausalen Struktur des Minkowski-Raums. Angenommen, E und F sind Ereignisse und X ist der Verschiebungsvektor von E nach F. Zum Studium der kausalen Beziehung zwischen E und F sind wir

an der Frage interessiert, ob es möglich ist, dass ein physikalischer Prozess, der bei
E geschieht, das beeinflussen kann, was bei F geschieht, oder umgekehrt. Wenn
das der Fall ist, dann sind wir auch an der Frage interessiert, ob es möglich ist, dass
Effekte von einem Ereignis zum anderen mit einer geringeren Geschwindigkeit als
der des Lichts oder exakt mit Lichtgeschwindigkeit übertragen werden können.

In einem Inertialsystem ist der zeitliche Anteil von X die Zeitdifferenz zwischen
F und E multipliziert mit c; der räumliche Anteil ist der Dreiervektor vom Punkt,
an dem E geschieht, zum Punkt, an dem sich F ereignet. Es gibt verschiedene
Möglichkeiten, vgl. mit Abb. 17.1:

- Die Verschiebung X ist zeitartig. In diesem Fall existiert ein Inertialsystem, in
  dem $X^1 = X^2 = X^3 = 0$ gilt, in dem also E und F am selben Ort stattfinden.
  Bezeichnet τ die Zeit von E nach F in einem derartigen Koordinatensystem,
  also die Eigenzeit, dann gilt

$$g(X, X) = c^2 \tau^2,$$

  in Übereinstimmung mit (15.3). Wenn X zukunftsgerichtet ist, dann gilt $\tau > 0$
  und F geschieht nach E in jedem Inertialsystem. Wenn X dagegen vergangenheitsgerichtet ist, dann gilt $\tau < 0$, und F ereignet sich vor E in jedem
  Inertialsystem.
- Der Verschiebungsvektor X ist lichtartig. In diesem Fall liegen E und F auf der
  Weltlinie eines Photons. Wenn X zukunftsgerichtet (vergangenheitsgerichtet)
  ist, dann geschieht F nach (vor) E in jedem Inertialsystem.
- Die Verschiebung X ist raumartig. In diesem Fall ist es unmöglich, von E nach
  F zu gelangen, ohne sich mit Überlichtgeschwindigkeit zu bewegen, und daher
  liegt F außerhalb des Lichtkegels von E und umgekehrt. Im vorherigen Abschnitt
  wurde gezeigt, dass es dann ein Inertialsystem gibt, in dem $X^0 = 0$ gilt, d. h., in
  dem E und F gleichzeitig stattfinden. Bezeichnet s die Distanz von E nach F
  in einem derartigen Koordinatensystem, dann gilt

$$g(X, X) = -s^2.$$

Es gibt auch Inertialsysteme, in denen E vor F geschieht und solche, in denen
E nach F stattfindet.

Beispiel Wir betrachten das Beispiel am Ende von Kap. 5. Der Verschiebungsvektor
X von L zu R ist raumartig, denn für den Beobachter $\mathcal{B}$ finden die durch L und R

bezeichneten Blitzeinschläge gleichzeitig statt. Der räumliche Abstand von L zu R ist durch $s = \sqrt{-g\,(X,\ X)}$ gegeben.

Für $\mathcal{B}'$ finden L und R dagegen nicht gleichzeitig statt, aber dennoch ist X auch für $\mathcal{B}'$ raumartig, denn die Klassifizierung von Vierervektoren ist unabhängig von der Wahl des Bezugssystems. Auch wenn sich die Koordinaten von X für $\mathcal{B}$ von denen des Beobachters $\mathcal{B}'$ unterscheiden, gilt auch mit den Koordinaten von $\mathcal{B}'$ die Beziehung $s = \sqrt{-g\,(X,\ X)}$. $\triangle$

Bisher wurden die Situationen betrachtet, dass sich massebehaftete Teilchen mit Geschwindigkeiten $|v| < c$ bewegen und Licht mit der Lichtgeschwindigkeit c. Es stellt sich die Frage, ob sich Signale auch mit höheren Geschwindigkeiten als der des Lichts übertragen lassen. Wenn jedoch angenommen wird, dass Informationen mit Überlichtgeschwindigkeit übertragen werden können, dann können sich logisch widersprüchliche Situationen ergeben. Dies wird im folgenden Abschnitt anhand eines Beispiels erläutert.

Überlichtgeschwindigkeit und Kausalität

Betrachten Sie die Ereignisse A und B in Abb. 17.2. Für Beobachter $\mathcal{B}$ mit den ungestrichenen Koordinaten tritt erst A ein und zeitlich danach B, denn für $\mathcal{B}$ ist die Zeitkoordinate von B größer als die Zeitkoordinate von A. Da die Verbindungsgerade durch die beiden Ereignisse eine Steigung von weniger als 45 Grad besitzt, können die Ereignisse A und B nur durch Nachrichten miteinander verbunden werden, die mit Überlichtgeschwindigkeit übermittelt werden. Wir sehen weiter, dass für Beobachter $\mathcal{B}'$ mit den gestrichenen Koordinaten die Zeitkoordinate von B kleiner ist als die Zeitkoordinate von A. Also tritt für $\mathcal{B}'$ erst B und zeitlich danach A ein. Die beiden Beobachter nehmen die Ereignisse A und B also in zeitlich umgekehrter Reihenfolge wahr[1].

Angenommen, es wäre möglich, Nachrichten mit Überlichtgeschwindigkeit zu übermitteln. Sei weiter angenommen, dass $\mathcal{B}$ im Ereignis A eine Nachricht zu Ereignis B sendet. Da weiter Ereignis C für $\mathcal{B}'$ zeitlich nach B stattfindet, nehmen wir weiter an, dass $\mathcal{B}'$ in B ein Signal mit Überlichtgeschwindigkeit zu C sendet.

Dann haben wir folgende Situation: Für $\mathcal{B}$ findet C zeitlich vor A statt, und $\mathcal{B}$ hat, nach Vermittlung durch $\mathcal{B}'$, ein Signal von A in die Vergangenheit C von A gesendet.

---

[1] Der Verschiebungsvektor X von A nach B ist raumartig, und wir sehen, dass die Vorzeichen der zeitlichen Anteile von X, jeweils angegeben mithilfe der Koordinaten der Beobachter $\mathcal{B}$ und $\mathcal{B}'$, voneinander verschieden sind.

Abb. 17.2 Überlichtgeschwindigkeit und
Kausalität

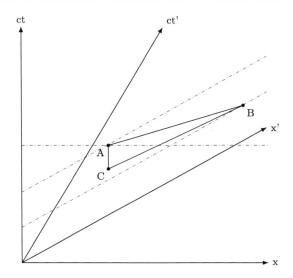

Es tritt ein logisches Problem auf, wenn angenommen wird, dass B eine Nachricht von A nach C sendet, die verhindert, dass B Nachrichten von A nach C senden kann. So könnte B eine Nachricht von A nach C senden, die dafür sorgt, dass die Sendeanlage zerstört wird. Wird aber die Sendeanlage in C zerstört, dann kann B keine Nachricht von A nach C gesendet haben. Also beinhaltet die Möglichkeit der Signalübertragung mit Überlichtgeschwindigkeit die Möglichkeit logisch widersprüchlicher Situationen.

Das Kausalitätsprinzip und die durch die Lorentz-Transformationen gegebenen Beziehungen zwischen den Koordinaten inertialer Beobachter sind eng miteinander verknüpft. E. C. Zeeman publizierte im Jahre 1964 den Artikel *Causality Implies the Lorentz Group* im Journal of Mathematical Physics, wo es im Abstract heißt: „Causality is represented by a partial ordering on Minkowski space, and the group of all automorphisms that preserve this partial ordering is shown to be generated by the inhomogeneous Lorentz group and dilatations." Für einen Beweis des Satzes von Zeeman siehe Naber [7].

Was Sie aus diesem *essential* mitnehmen können

- Das Ziel dieses Buches besteht darin, ein auf einem natürlichen Messverfahren für die Koordinaten der Raumzeit, der Radarmethode, beruhendes und auf vertrauten geometrischen Zusammenhängen basierendes mathematisches Modell für die Spezielle Relativitätstheorie zu präsentieren.
- Dieses Modell und die darauf aufbauende Ableitung der Ergebnisse der Speziellen Relativitätstheorie wird k-Kalkül genannt.
- Mithilfe des k-Kalküls wird ein Verständnis der Speziellen Relativitätstheorie ermöglicht, so gut es die fremde Welt hoher Relativgeschwindigkeiten eben zulässt.

Bemerkungen zu den Literaturhinweisen

- Die Arbeit [6] Einsteins ist der Artikel, in welchem er die Spezielle Relativitätstheorie im Jahre 1905 veröffentlichte. Diese Arbeit enthält noch nicht die Gedanken zur Äquivalenz von Masse und Energie, die in einem weiteren Artikel desselben Jahres nachgereicht wurden. Alle fünf bahnbrechenden Veröffentlichungen Einsteins aus dem Jahr 1905 werden in [10] wiedergegeben und kommentiert.
- Eine schöne, gut lesbare und reich bebilderte Darstellung der Speziellen Relativitätstheorie und ihrer historischen Entwicklung findet sich in [9], einem Werk, das leider nur noch antiquarisch erhältlich ist.
- Der k-Kalkül wurde von Bondi entwickelt und in [1] und [2] veröffentlicht. Das Buch [2] mit Marsmännchen auf dem Titelbild der ursprünglichen deutschen Ausgabe ist gut lesbar geschrieben mit vielen Erläuterungen und mit vermeintlich populärwissenschaftlichem Anspruch. Möglicherweise ist dies der Grund dafür, warum der elegante k-Kalkül nur zögerlich Eingang in die Fachliteratur gefunden hat. Auch [1] und [2] sind leider nur noch antiquarisch erhältlich.
- Das Buch [4] und das Skript [5] von Dragon enthalten anspruchsvolle Darstellungen der Speziellen Relativitätstheorie, die auf dem k-Kalkül basieren und in dem die wunderbaren Raumzeitdiagramme veröffentlicht wurden, in denen die Zeitdilatation und die Längenkontraktion zweier Beobachter jeweils simultan sichtbar gemacht werden. Die Werke enthalten auch Kapitel zur Elektrodynamik, die als relativistisch kovariante Theorie nachgewiesen wird, und in [5] wird zudem die Allgemeine Relativitätstheorie behandelt.
- Eine weitere anspruchsvolle und ausgezeichnete Darstellung der Speziellen Relativitätstheorie bietet Woodhouse in [11]. Auch hier erfolgt der Zugang zur Relativitätstheorie über den k-Kalkül. Darüber hinaus wird die Elektrodynamik behandelt. Es findet sich nicht nur eine elegante Ableitung der Maxwellschen Gleichungen, sondern auch der Nachweis der Elektrodynamik als relativistisch kovariante Theorie.

© Der/die Herausgeber bzw. der/die Autor(en), exklusiv lizenziert an Springer-Verlag GmbH, DE, ein Teil von Springer Nature 2022
J. Kremer, *Spezielle Relativitätstheorie*, essentials,
https://doi.org/10.1007/978-3-662-65926-7

- Eine sehr schöne, anspruchsvolle und dennoch gut lesbare Einführung in die Spezielle und in die Allgemeine Relativitätstheorie bietet [3]. Callahan verwendet zur Ableitung der zweidimensionalen Lorentz-Transformationen jedoch nicht den k-Kalkül, sondern eine elegante Herleitung basierend auf der Eigenwert-Theorie der Linearen Algebra.
- Weitere anspruchsvolle und hervorragende Werke zur Speziellen Relativitätstheorie sind [7] und [8]. Naber hat seine Darstellung [7] der Geometrie der Raumzeit gespickt mit Aufgabenstellungen, die den Leser an der Entwicklung der Theorie beteiligen. Dies ist sehr lehrreich, der Leser muss allerdings Zeit und zusätzliches Engagement investieren. Die Darstellung [8] von Rowe basiert zwar wie die von Naber nicht auf dem k-Kalkül, ist aber ebenfalls meisterhaft und unkonventionell. Beide Werke behandeln auch die Elektrodynamik.

Literatur

1. Bondi H (1971) Mythen und Annahmen in der Physik. Vandenhoeck & Ruprecht
2. Bondi H (1974) Einsteins Einmaleins - Einführung in die Relativitätstheorie. Fischer
3. Callahan JJ (2001) The geometry of spacetime. Springer
4. Dragon N (2012) The geometry of special relativity - a concise course. Springer
5. Dragon N (2019) Geometrie der Raumzeit. www.itp.uni-hannover.de/fileadmin/itp/emeritus/dragon/relativ.pdf
6. Einstein A (1905) Zur Elektrodynamik bewegter Körper. Annalen der Physik 17:891
7. Naber GL (2012) The geometry of Minkowski spacetime - an introduction to the mathematics of the special theory of relativity, 2. Springer, Auflage
8. Rowe EGP (2010) Geometrical physics in Minkowski spacetime. Springer
9. Sexl R, Schmidt HK (1998) Raum - Zeit - Relativität. Vieweg
10. Stachel J (2006) Einsteins Annus mirabilis – Fünf Schriften, die die Welt der Physik revolutionierten. rororo
11. Woodhouse NMJ (2016) Spezielle Relativitätstheorie. Springer

Stichwortverzeichnis

© Der/die Herausgeber bzw. der/die Autor(en), exklusiv lizenziert an Springer-Verlag GmbH, DE, ein Teil von Springer Nature 2022
J. Kremer, *Spezielle Relativitätstheorie,* essentials,
https://doi.org/10.1007/978-3-662-65926-7

Printed in the United States
by Baker & Taylor Publisher Services